101 Dinge,
die ein Eisenbahn-Liebhaber wissen muss

W0180976

101 Dinge

die ein
Eisenbahn-
Liebhaber

wissen muss

Inhalt

Vorwort

Die Welt der Eisenbahn ist von Rekorden und technischen Errungenschaften geprägt, denen sich kaum einer entziehen kann. Meistens schlagen die Herzen der Eisenbahnliebhaber schneller, wenn sie eine historische Lokomotive sehen oder an einer Sonderfahrt teilnehmen. Es gibt aber auch Augenblicke, bei denen schon manchem Eisenbahnliebhaber das Herz für einen Moment stehen blieb. Wer würde sich denn schon eine Versuchsfahrt mit einem raketenbetrieben Schienenfahrzeug zutrauen?

Die Entscheidung, welche 101 Dinge ein Eisenbahnliebhaber wissen sollte, schien zunächst unlösbar zu sein, denn es sind in jedem Fall deutlich mehr! Auch die Entscheidung zur Wahl der Themen bereitete jede Menge Kopfschmerzen. Was dem einen zu oberflächlich, ist dem anderen zu wissenschaftlich. Meine Entscheidung fiel auf eine Mischung von Rekorden, Geheimnissen und Kuriositäten der spektakulären als auch der unspektakulären Ereignisse und Eisenbahnen. Auch das Adjektiv „langsamste" oder „schmalste" kann zu einem „Aha-Erlebnis" führen. Steigen Sie ein und kommen Sie mit auf eine spannende Reise. Keine Gegenwart ist ohne Vergangenheit. Das macht uns die Geschichte der Eisenbahn immer wieder deutlich, wenn wir die Rekorde und die Besonderheiten der Eisenbahn betrachten. Neben der interessanten Technik darf es daher nie an Geschichtlichem fehlen, aber auch nie an Romantik und Humor!

Bedanken möchte ich mich bei der Deutschen Bahn AG, den Museen und Vereinen, den vielen Privat-, Berg- und Zahnradbahnen und Bahngesellschaften. Besonders erwähnen möchte ich die vielen privaten Eisenbahnliebhaber und -fotografen, die bereitwillig Spitzenfotos aus ihrer persönlichen Sammlung zur Verfügung gestellt haben. Zuletzt danke ich meinem vor Kurzem verstorbenen Vater, der mir die Liebe zur Eisenbahn und einiges mehr beigebracht hat.

Viel Freude mit diesem Buch,

Ihr *Stefan Friesenegger*

Der Schienenzeppelin

Im Tiefflug zum Weltrekord

1

Er war mehr als zwei Jahrzehnte der Schnellste! Eine Kuriosität auf Schienen stellt der Schienenzeppelin von Franz Friedrich Kruckenberg (1882–1965) aus dem Jahr 1930 dar. Der Schienenzeppelin war als zweiachsiger Triebwagen ausgelegt, der von einem BMW-Flugmotor mit etwa 500 PS im Heck angetrieben wurde. Der knapp 26 Meter lange „Flugbahnwagen" war stromlinienförmig gestaltet und erreichte dank seiner Leichtbauweise, die Kruckenberg im Rahmen seiner Entwicklungstätigkeiten für Luftschiffe erworben hatte, hohe Geschwindigkeiten. Das Gewicht des Schienenzeppelins lag bei rund 20 Tonnen. Auf eine besondere Schallisolierung gegen den Motorenlärm wurde aus Gewichtsgründen verzichtet. Bereits im Jahr 1903 hatte ein elektrischer Triebwagen von Siemens die „Schallmauer" von 200 Kilometer in der Stunde durchbrochen. Nur drei Wochen später erreichte ein AEG-Elektrotriebwagen die Marke von 210 km/h, welche bis zum Rekord des Schienenzeppelins im Jahr 1931 nicht überboten werden konnte.

230 km/h, 24 Jahre ein Weltrekord

Am 21. Juni 1931 erreichte der Schienenzeppelin die Höchstgeschwindigkeit von rund 230 Kilometer in der Stunde und damit Weltrekord, den er 24 Jahre hielt! Nach der Rekordfahrt nahm man einige Umbauten vor. Vorne bekam der Solitär ein Drehgestell eingesetzt, außerdem wich die zweiflügelige Luftschraube einem vierflügeligen Propeller, der alsbald gänzlich abgebaut wurde. Das Fahrzeug diente, nun dieselhydraulisch über ein Drehgestell angetrieben, bis 1934 als Versuchsfahrzeug für Schnelltriebwagen. Der ursprüngliche Propellerantrieb wies mehrere Nachteile auf, unter anderem störende Luftwirbel. Zudem stellte die Luftschraube des futuristisch anmutenden Fahrzeugs eine Gefahr dar, da jene sich ungeschützt drehte. In das System Eisenbahn passte der Schienenzeppelin auch nicht so recht. Beispielsweise konnte an ihn kein weiterer Wagen angehängt werden, womit er dem steigenden Passagieraufkommen nicht gerecht wurde, eine Rückwärtsfahrt war ebenfalls nicht möglich. Auch wenn damals eine Tageszeitung von einem neuen Zeitalter im Verkehr berichtete, wurde nach diesem Schienenzeppelin kein weiteres Fahrzeug dieser Bauart mehr produziert. 1939 verschrottete die Reichsbahn den bereits jahrelang abgestellten Sonderling.

Tradition und vermeintliche Zukunft – eine Begegnung der spannenden Art – Bundesarchiv, Bild 102-11902, Fotograf: Georg Pahl, CC-BY3.0

Wo immer dieses wie aus der Zeit gefallene Fahrzeug fuhr oder stand, zog es faszinierte Blicke auf sich. – Bundesarchiv, Bild 183-R98029, Fotograf: unbekannt, CC-BY3.0

Raketen auf Schienen

Versuche mit Feststoff-Triebwerken und die Folgen

2

Fritz von Opel, Enkel des Firmengründers Adam Opel, startete sein Raketenprogramm mit der „RAK 2", einem Rennwagen mit Raketenantrieb. Der Erfolg dieses Wagens, der von 120 Kilogramm Sprengstoff angetrieben wurde und eine Spitzenleistung von 238 km/h erreicht hatte, sollte auf der Schiene fortgesetzt werden.

Der umjubelte „Raketen-Fritz", wie er zu diesem Zeitpunkt genannt wurde, versuchte mit der „RAK 3" einen neuen Rekord zu erreichen. Dieses Experiment mit dem für die damaligen Verhältnisse leicht gebauten Fahrzeug sollte unbemannt auf der nicht für den öffentlichen Verkehr freigegebenen Eisenbahnstrecke Hannover – Celle bei Burgwedel stattfinden. Es war damit der erste offizielle Start eines Raketenwagens auf Eisenbahnschienen. Bei dieser Testfahrt am 23. Juni 1928 erreichte der mit zehn Raketen und damit 2.750 kg Schubkraft bestückte Wagen eine Geschwindigkeit von 254 km/h und übertraf damit den bis dahin bestehenden Weltrekord von 215 km/h deutlich. Ein Weltrekord für ein Kuriosum der Schiene!

Das Raketenzeitalter ist angebrochen

Der Raketenwagen wurde von vielen als Teufelswagen verschrien. Unterstützung erhielt Opel von dem Ingenieur Friedrich Wilhelm Sander aus Wesermünde (heute Bremerhaven). Dieser hatte die Raketenkonstruktion mit hochmodernen Feststoff-Raketen für die Rekordfahrt gebaut. Erfahrungen hatte er bei der Herstellung von Raketen zur Seenotret-

---

Bereits vor rund 1.300 Jahren gab es Raketen

Es gab bereits Feststoff-Raketen zu Zeiten der Byzantiner, so vermutet man. Das war ungefähr 700 nach Christus. Hier wurde als Treibstoff eine Mischung von Salpeter und Schwefel in Holzröhrchen abgebrannt. Feststoff-Raketen sind Triebwerke, die mit einem festen Material als Energieträger bestückt sind. Durch Verbrennen wird chemische in Bewegungsenergie umgesetzt. Die ersten Raketen waren grundsätzlich Feststoff-Raketen. Sie sind bis heute im Einsatz. Einfachste Beispiele liefern Silvester-Raketen, dort sind aber nur ein paar Gramm enthalten.

Der Raketenwagen kurz vor dem Start – Bundesarchiv, Bild 102-06122, Fotograf: unbekannt

tung gesammelt. Es sollte aber nicht der einzige Versuch zu einem Rekord auf der Schiene bleiben. Wenige Wochen nach diesem Rekord fand ein weiterer Start statt. Mit der nun mit 30 statt zehn Raketen bestückten „RAK 3" (Schubkraft 9.750 kg) würde eine noch höhere Geschwindigkeit zu erreichen sein. Zuerst wollte Fritz von Opel selbst mit diesem Fahrzeug fahren, da ein Weltrekord mit einem bemannten Fahrzeug nochmals eine Steigerung gewesen wäre. Im letzten Moment aber entschied er sich dagegen. Stattdessen setzte er eine Katze in das Fahrzeug. Der Rekordversuch missglückte und die „RAK 3" explodierte eingehüllt in eine Rauchwolke.

Weitere „Raketenstarts"

Ein letzter erwähnenswerter Versuch, einen „Düsenantrieb" für ein Schienenfahrzeug zu nutzen, führte im August 1974 zu einem Weltrekord in den USA. Das von von der Firma Garett AiResearch konstruierte Schienenfahrzeug erreichte eine Geschwindigkeit von über 410 km/h. Dieses aerodynamisch gestaltete Fahrzeug, das einem Flugzeugrumpf ähnlich war, besaß einen Linearmotor und einen Düsenantrieb.

Weltrekord unter Dampf

1936, das Jahr der Dampflokomotive

3

Internationale Anerkennung erreichte damals eine von Adolf Wolff von Borsig konstruierte Dampflok, die Reichsbahnlok 05 002. Mit ihr überschritt erstmals eine Dampflok die magische Geschwindigkeitsmarke von mehr als 200 km/h.

Die Konstruktion der 05 orientierte sich grundsätzlich an den bereits vorhandenen Einheitsschnellzugloks der Reichsbahn, speziell der Baureihe 01. Neu an der Weltrekordhalterin waren: die Stromlinienverkleidung, der Treibrad-Durchmesser von 2.300 Millimetern, das Dreizylinder-Triebwerk, der erhöhte Kesseldruck von 20 bar, die verstärkte Bremse und der fünfachsige Tender. Bereits im Jahr 1935 konnte 05 001 eine Maximalgeschwindigkeit von 196 km/h erreichen. Der Schwester-Lokomotive 05 002 gelang am 11. Mai 1936 der Geschwindigkeitsrekord von 200,4 km/h bei einem Schnellfahrversuch von Hamburg nach Berlin. Die Vorzüge der Maschinen 05 001 und 002 hat man sich bei der Weiterentwicklungen der Dampflokomotiven in Deutschland zunutze gemacht.

Stromlinie! Schick, aber im Alltagsbetrieb für Dampflokomotiven sehr unpraktisch. Die elegante Verkleidung war oft im Weg. – Deutsche Bahn AG/Claus Weber

Die „fliegenden" Züge

Deutschlands erstes Schnellverkehrssystem

4

Der Schnelltriebwagen VT 877, der als „Fliegender Hamburger" Furore machte, sollte in der Geschwindigkeit Automobilen und Flugzeugen Paroli bieten. Die Reichsbahn entschied sich, dies mit einem Diesel-Schnelltriebwagen anzustreben. Auf der Stecke Berlin – Hamburg nahm man 1933 den planmäßigen Schnellverkehr auf. Der „Fliegende Hamburger" brachte seine Fahrgäste in zwei Stunden und 18 Minuten von Berlin nach Hamburg, er erreichte dabei eine Höchstgeschwindigkeit von 160 km/h. Bis Ende der Dreißigerjahre weitete die Reichsbahn den Schnelltriebwagen-Verkehr noch auf andere Regionen aus. Im Allgemeinen fuhren die Züge am Morgen in Städten wie München, Stuttgart oder Köln Richtung Berlin ab und traten am späteren Nachmittag wieder die Heimreise aus der Reichshauptstadt an.

Der „Fliegende Hamburger" wurde 1932 vom Görlitzer Hersteller WUMAG unter Zulieferung der Firmen AEG und der Siemens-Schuckert-Werke gebaut. Er hatte ein Dienstgewicht von 85 Tonnen. Die beiden dieselelektrischen Maybach-Motoren leisteten jeweils 302 kW (411 PS).

Damals beinahe so schnell am Ziel wie heute ein ICE! – Stefan Pavel

Deutschlands schnellster Zug

Die ICE-Generationen

5

Die Erfolgsgeschichte beginnt in den 1980er-Jahren mit der Entwicklung des ICE 1. Bereits vier Generationen fahren inzwischen für die Deutschen Bahn AG. Nun erhält die bestehende Flotte Zuwachs mit dem ICE 3neo. Unter dem Motto, „mit mehr Komfort bereit für den Deutschlandtakt", sind bereits 73 ICE 3neo-Garnituren bestellt. Ende 2022 ist als Einsatzstart geplant. Der ICE 3neo ist mit 439 Sitzen ausgestattet, erreichet eine Spitzengeschwindigkeit von bis zu 320 km/h und kommt auf 200 Meter Länge. Eine Doppeltraktion ist möglich. Die Züge bieten deutlich mehr Einstiegstüren, einen barrierefreien Zugang und acht Fahrradstellplätze. Um energiesparend zu fahren, liegt sein Leergewicht bei schlanken 460 Tonnen.

Die Generation ICE 1

Den Anfang bei den Hochgeschwindigkeitszügen in Deutschland machte im Jahr 1987 der Inter-City-Experimental, dem zunächst fünfteiligen Vorläufer der heutigen ICE-Züge. 1989 gab die damalige Deutsche Bundesbahn die Serienfertigung des ICE 1 in Auftrag, im Juni 1991 begann seine Erfolgsstory im Regelbetrieb. Neue Maßstäbe wurden mit dem ICE 1 bzw. der Baureihe 401 gesetzt: Digitale Antriebssteuerung, ein völlig neues Bremssystem und die Drehstromtechnik machten ihn zu einem der modernsten Züge. Schon damals erreichte der mit zwei Triebköpfen ausgestattete Zug, meist kombiniert mit 12 Mittelwagen eine Höchstgeschwindigkeit von 280 km/h. Mit ihm wurden die wesentlichen Schritte zum modernen Triebwagenkonzept gegangen. Die DB nahm 59 dieser Langzüge mit einer Zuglänge von je 358 Metern in ihren Dienst. Beim ICE 1 liegt die Leistung bei 9.600 kW. Seine durchschnittliche jährliche Laufleistung liegt bei über 500.000 Kilometer.

Die Generation ICE 2

Die wesentliche Neuerung des ICE 2 bzw. der Baureihe 402 besteht darin, dass die Züge nur die halbe Länge des ICE 1 aufweisen und nur über einen Triebkopf verfügen, der zweite „Kopf" des Zuges ist ein antriebsloser Steuerwagen. Die 402 können miteinander gekuppelt werden. Werden die Kupplungen nicht benötigt, bleiben sie hinter den Bugklappen verborgen. Die Inbetriebnahme fand im Jahr 1996 statt, 44 Halbzüge mit einer Zuglänge von 205 Metern wurden von der DB übernommen. Mit einer

ICE-T-Baureihe 411 auf dem Weg nach München in der winterlichen Umgebung des Frankenwaldes – Deutsche Bahn AG/Jochen Schmidt

Leistung von 4.800 kW erreichen die Züge eine zugelassene Höchstgeschwindigkeit von 280 km/h.

Generationen des ICE 3

Im Jahr 2000 nahm die Baureihe 403 ihren Betrieb auf. Mit diesem „echten" Triebzug nahm Deutschlands schnellster Zug Fahrt auf. Anders als die Vorgänger hatte der 403 keine Triebköpfe, vielmehr verfügen vier der acht Wagen über einen eigenen unterflurigen Antrieb. 66 Halbzüge dieser Generation waren für das deutsche Streckennetz bestimmt. Selbst Steigungen von bis zu 40 Promille erklimmt diese 3. Generation mühelos. Für internationale Destinationen in das benachbarte Ausland wie Belgien und die Niederlande sind zusätzlich 16 mehrsystemfähige ICE 3 auf der Neubaustrecke Köln – Rhein/Main im Einsatz. Die Baureihe 406 kann als Mehrsystemfahrzeug die Energie aus den Fahrleitungen aller vier europäischen Stromsysteme verarbeiten. Auf der Strecke Frankfurt am Main nach Paris sind Geschwindigkeiten von bis zu 320 km/h an der Tagesordnung.

Generationen des ICE 4

Aktuell sind 37 siebenteilige und 50 zwölfteilige Einheiten des ICE 4 als Triebzug 9002 im Einsatz. Im Februar 2021 wurden erstmals dreizehnteilige Züge mit einer Gesamtlänge von 374 Metern in den Dienst gestellt. 50 dieser Garnituren befinden sich heute im Regelbetrieb.

Wer hat die Nase vorn?

Der ICE gegen den Rest der Welt

6

Bereits Anfang der Neunzigerjahre, nach Einführung des ICE, wurde Rekordgeschichte geschrieben. Aber warum kann ein ICE 3 eine Höchstgeschwindigkeit von 320 km/h erreichen? Durch neue Leichtbauweisen und innovative Motoren- und Antriebskonzepte sind deutlich höhere Geschwindigkeiten möglich geworden.

ICE ohne „eigenes" Schienennetz

Im Vergleich der superschnellen Hochgeschwindigkeitszüge hat immer wieder einmal ein anderes Land die Nase vorn. Auch China hat die Jagd aufgenommen und ist dabei sehr erfolgreich. Wenn wir die Superzüge der Welt miteinander vergleichen, kann es jedoch nicht nur um die Geschwindigkeit gehen. Auch die Zuverlässigkeit, die Sicherheit, der Komfort sowie das Schienennetz spielen eine Rolle. Genau hier fällt der ICE bereits deutlich zurück, da er nur auf den Hochgeschwindigkeitsstrecken seine vollen Möglichkeiten entfalten kann. Diese bilden in Deutschland aber noch längst kein Netz. So müssen sich die ICE auf vielen Trassen, die oft noch aus dem 19. Jahrhundert stammen, den Verkehr mit den anderen Zugarten teilen. Der ICE wird somit immer wieder ausgebremst.

Mit weißen Handschuhen zum Sieg?

Japans Shinkansen-Zugsystem, das im Übrigen als das zuverlässigste und sicherste der Welt gilt, überrascht mit einer Eigenart, die in den anderen Ländern nicht existiert. Das Personal trägt weiße Handschuhe. Braucht es doch nicht, werden Sie sagen. Richtig, deswegen fahren die Züge auch nicht schneller, aber es spiegelt die Wertschätzung für das ganze System wider und auch die Kultur. Die Bahnangestellten machen nicht nur ihren Job und gehen nach Dienstende mit dem verdienten Geld nach Hause. Sie leben diese Tätigkeit und sind stolz, wenn sie auf die Sekunde genau in den Zielbahnhof einfahren. Das ist übrigens auch gut so, denn selbst bei geringen Abweichungen vom Fahrplan muss schriftlich Rechenschaft abgelegt werden. Der Kaiser dankt's.

Die wahren Unterschiede

In Japan, China und Frankreich hingegen existieren Hochgeschwindigkeitsnetze. Deren Hochgeschwindigkeitsstrecken sind durch Zäune und Gitter besonders gesichert, sodass sich keine Tiere auf den Gleisen tummeln können, aber auch Fahrgäste in den Bahnhöfen sind geschützt. Der Staat in Frankreich sowie in Japan, aber auch in China verfügt über mehr rechtliche Mittel, große Infrastrukturprojekte politisch durchzusetzen. China verfügt über das längste Schnellfahrstreckennetz der Erde und baut es rasch weiter aus. Inzwischen sind es knapp 40.000 Kilometer. In Deutschland kommt der Ausbau dagegen nur langsam voran.

Der ICE 3 als Mehrsystemzug wurde offiziell für den deutsch-französischen Hochgeschwindigkeitsverkehr eingeführt. – Deutsche Bahn AG/Thomas Herter

Höher, schneller, weiter

Die Welt im Geschwindigkeitsrausch

7

Betrachtet man Rekorde, so stellt man schnell fest: Sie sind vergänglich. Blicken wir auf die gut 175 Jahre Eisenbahngeschichte zurück. Welch Freude kam auf, als ein Zug die Geschwindigkeit eines Pferdefuhrwerkes erreichen konnte. Anfang des 20. Jahrhunderts wurden bei Versuchsfahrten bereits Geschwindigkeiten von 200 km/h oder knapp darüber erreicht. In den letzten Jahrzehnten übertrafen sich die Rekorde in kurzen Zeitabständen: Selbst die 500er-Marke wurde bereits geknackt. Der Wettkampf endet nie!

Aber welchen Zweck verfolgen die Rekordfahrten? Wesentlicher Grund ist die Konkurrenz der Verkehrssysteme. Schnelle Züge lassen sich gut vermarkten; mit ihnen kann die Bahn den Reisenden kürzere Fahrzeiten anbieten und Anteile auf dem umkämpften Verkehrsmarkt gewinnen. Aus den vielen Entwicklungen, die zu diesen Rekordzügen führen, entstehen auch Erkenntnisse zur Energieeffizienz, Sicherheit, Materialersparnis oder eine umweltschonende Herstellung der Fahrzeuge. Dem steht freilich oft ein erheblicher Mehraufwand gegenüber. Schnelle Züge benötigen strapazierfähige Gleisanlagen, schlanke Weichen, modernere Sicherheitssysteme und vieles mehr.

Je höher die Geschwindigkeit, desto größer die Probleme

Schnell wird klar, welche Probleme beim Betreiben dieser Züge auftreten. Räder und Schienen, aber auch die Achsen und vor allem Stromabnehmer sind nur ein Teil der mechanischen Bauteile eines Zuges, die sich besonders abnutzen. Zwar wurden Bauteile entwickelt, die der Abnutzung von Gleisen oder Rädern entgegenwirken wie etwa Schwingungsdämpfer, aber auch diese unterliegen zwangsläufig einer Abnutzung. Räder müssen häufiger abgedreht, aber damit auch häufiger ausgetauscht werden. Dies gilt auch für die Schienen, die extrem hohen Beanspruchungen ausgesetzt sind.

Schnell ja, aber bitte kein Lärm!

Ein weiteres Problem ergibt sich aus den hohen Geschwindigkeiten: Die hohen Schallemissionen belasten die Anwohner. Schallschutzwände oder -dämme müssen errichtet werden. Forschungen zur Lärmminderung führten zu innovativen Gleisanlagen. Die strengsten Umweltschutz- und Lärmauflagen hat Japan – und damit die leisesten Züge der Welt.

Direktverbindung Frankfurt – Marseille – Deutsche Bahn AG/Volker Emersleben

Der Trick mit der Form und dem Gewicht

Der Grund, den Zugkopf in einer bestimmten Form zu gestalten, liegt darin, dass die Luft bei hohen Geschwindigkeiten besser „geschnitten" wird. Auch die Schockwellen, die entstehen, wenn beispielsweise ein schneller Zug in ein Tunnel einfährt oder einem entgegenkommenden Zug begegnet, können dadurch reduziert werden. Dennoch müssen die Gleise der Hochgeschwindigkeitsstrecken einen größeren Abstand zueinander haben. Da sich der Luftwiderstand im Quadrat zur Geschwindigkeit erhöht, nimmt auch der Energieverbrauch zu. Also muss am Gewicht gespart werden. Damit schwindet allerdings auch wieder der Anpressdruck auf die Schienen, der wiederum mit Spoilern oder der Gestaltung der Kopfform beeinflusst werden kann.

Die Gefahr steigt mit der Geschwindigkeit

Letztendlich scheinen sich aber höhere Unfallrisiken, deutlich höhere Unterhalts- und Baukosten, der höhere Energieverbrauch und die umweltbeeinflussenden Maßnahmen zu lohnen. Die Eisenbahn zählt heute nach den Kreuzfahrtschiffen zum sichersten Verkehrsmittel der Welt.

Weltrekord mit der 1216

Ein bisschen Siemens gibt es noch …

8

Der Name „Taurus" bedeutet bekanntlich Stier. Die Lokomotiven der Baureihe 1216 werden diesem Namen voll gerecht. Mit 357 km/h stellte einer dieser Eurosprinter am 2. September 2006 auf der Neubaustrecke zwischen Nürnberg und Ingolstadt, genau gesagt auf dem Teilabschnitt zwischen Kinding und Allersberg, einen neuen Weltrekord für elektrische Lokomotiven auf. Der alte Weltrekord von 331 km/h – aufgestellt von der SNCF – hatte 51 Jahre Bestand gehabt.

Es handelt sich bereits um die dritte Generation der Taurus-Lokomotiven, welche die Unternehmenssparte Transportation Systems (TS) der Siemens AG entwickelt hat. In dieser Lokomotive mit der internen Typenbezeichnung ES 64 U4 wurden mehrere Konzepte in einer Lok vereinigt und daraus eine Hochleistungs-Lokomotive als Mehrsystemlok mit einem Dienstgewicht von 87 Tonnen geschaffen. Ihr Ursprung ist in dem Wunsch begründet, eine universelle Einheitslokomotive mit Drehstromtechnik zu bekommen. Die Erwartungen lagen also hoch, aber sie wurden erfüllt: 230 km/h Höchstgeschwindigkeit und eine Dauerleistung von 6.000 kW können sich sehen lassen. Dies machte sie zur Universallokomotive, wie man sie damals suchte.

Ursprünglich anders geplant

Als die Deutsche Bahn AG die Deutsche Bundesbahn ablöste, waren Universallokomotiven obsolet. In den Geschäftsfeldern der Deutschen Bahn AG wurden Kosten gespart. Jedes Geschäftsfeld hatte nun eigene Lokomotiven. Die Baureihe 152 war dann das Mittel der Wahl. Sie kam aus der Familie der Eurosprinter, wurde jedoch als abgespeckte Variante beschafft. Die mit vier Fahrmotoren angetriebene Baureihe 1216 der dritten Generation wird aktuell hauptsächlich von der Österreichischen Bundesbahn, der ÖBB, genutzt.

Die Baureihe 1216 ist vor allem in Ost- und Südeuropa im Einsatz. Eine von diesen Maschinen ist die Rekordlokomotive. Sie ist mit ihrer dunkelgrauen Lackierung und dem deutlich erkennbaren Hinweis auf den Weltrekord heute in Slowenien, Italien, Österreich und Deutschland eingesetzt. Bei der aktuellen Rekordfahrt zog die 1216 einen Prüfwagen der DB mit hochsensiblen Messgeräten hinter sich her.

Die Baureihe 1216 050 am 2. September 2006. Letzte Überprüfung der Messgeräte vor der Weltrekordfahrt. Interessant: Hier ist der silberne Kreis mit einer ‚3' aufgeklebt. Der 300 km/h war man sich wohl sicher … – Werner Wiesnet

1955 erreicht sie einen Weltrekord mit 331 km/h! – Werner Wiesnet

Rekorde der Zukunft?

Reibungsloses Fahren mit Magneten

9

Zwischen dem Hauptbahnhof München und dem Münchner Franz-Josef-Strauß-Flughafen sollte sie bis Ende 2011 verlaufen, die Transrapid-Strecke. Sie sollte die bestehende S-Bahn-Linie ersetzen und die 37 Kilometer lange Strecke in deutlich kürzerer Zeit bewältigen.

Bis zu 350 km/h würden die Fahrzeuge der Magnetschwebebahn erreichen. Dabei war vorgesehen, dass sie München unterirdisch durchqueren und außerhalb der Stadtgrenze bis hin zum Erdinger Moos auf Stelzen flitzen sollten. Kurz vor dem Flughafen MUC II wäre die Bahn wieder im Untergrund verschwunden. Die Magnetschwebebahn ist eine weitere Variante, eine Zuggattung, die zu der Familie der Hochgeschwindigkeitszüge gehört. In den späten 60er-Jahren des letzten Jahrhunderts hatte man sich in Deutschland intensiv mit der Magnetschwebetechnik beschäftigt. Die Münchner Firma Krauss Maffei hatte bereits

Transrapid, ausgestellt am Flughafen MUC II – Quelle: Matthias Frey

damals den ersten Transrapid hergestellt. Auch Messerschmidt-Bölkow-Blohm stellte 1971 ihr erstes Magnetschwebefahrzeug vor. Das knapp sechs Tonnen schwere Fahrzeug konnte auf einem 660 Meter langen Tragsystem in München Ottobrunn getestet werden. Noch im gleichen Jahr folgte der Transrapid 02; er erreichte eine Geschwindigkeit von 164 km/h. Ab 1974 sollten die Firmen Krauss Maffei und MBB gemeinsam die Forschungen fortführen. Ergebnis dieser Zusammenarbeit war der Transrapid 04, der es im Jahr 1975 auf eine Geschwindigkeit von 205,7 km/h brachte. In weiterführenden Tests sollten Geschwindigkeiten von bis zu 400 km/h erzielt werden. Auch bei Siemens in Erlangen wurden Erfolge erreicht. Die sogenannte Supraleitung, die keinen elektrischen Widerstand mehr aufweist, konnte entwickelt werden. Dazu muss das Material auf den absoluten Nullpunkt, auf minus 273,15 Grad Celsius, abgekühlt werden. Das Siemens-Versuchsfahrzeug erreichte 1976 bei einem Test 140 km/h. 1988 zeigten die Messgeräte bei Transrapid 06 eine Supergeschwindigkeit von 418 km/h an.

Das Problem mit der Reibung

Um Bewegung zu erzeugen, muss Energie aufgebracht werden, um damit andere Energieformen zu überwinden. Die Reibung ist meist die Energie, zu deren Überwindung am meisten Kraft aufgebracht werden muss. Die Magnetschwebebahn hat genau hier ihren Vorteil. Ihre Bewegung erlangt sie nicht anhand von Reibungsenergie, sie schleppt auch keine schweren Fahrmotoren mit sich herum. Ihre Motoren sind sozusagen unter der Fahrstrecke vorzufinden. Ein vor der Magnetschwebebahn hereilendes Magnetfeld sorgt für eine positive oder negative Beschleunigung und trägt das Fahrzeug auf einem dünnen Polster. Dieses Polster wird ebenfalls magnetisch erzeugt, indem abstoßende magnetische Kräfte genutzt werden. Seitlich wird das Fahrzeug von Halterungen geführt, die den Fahrbahnrand umgreifen.

Japan ist an erster Stelle

In mehreren großen Industriestaaten wurden Versuche unternommen, die Technik zum Einsatz zu bringen. Japan und Deutschland können erfolgreich Fahrzeuge anbieten. In Japan werden mit der Magnetschwebebahn bereits Geschwindigkeiten von nahezu 600 km/h erreicht. Dieser Zug schwebt allerdings erst ab einer gewissen Geschwindigkeit; bis dahin rollt er auf Rädern.

Bahnreisen mit Mach 1?

Menschen reisen als Rohrpost – Science-Fiction?

10

Das Streben der Menschheit nach höheren Geschwindigkeiten galt von jeher. Eine Konzeptstudie, die der Umsetzung sehr nahe ist, sieht Röhren vor, durch die kapselähnliche Fahrzeuge hindurchgeschossen werden.

Pläne zu dieser schnellen Fortbewegung bestehen bereits. Tesla-Chef und Milliardär Elon Musk hatte die Idee. Ein deutscher Manager entwickelt das Hochgeschwindigkeitssystem mit dem magisch klingenden Namen „Hyperloop". Vorstellbar sind dabei Geschwindigkeiten von bis zu 1.500 km/h. In den Röhren, in denen ein nahezu vollständiges Vakuum herrscht, sollen die Beförderungskapseln auf einem dünnen Luftpolster wie eine Art Rohrpost mit Menschen bewegt werden. Wir alle wissen, dass Visionäre und ihre Ideen schon immer gerne belächelt wurden. Aber wir wissen auch, dass die eine oder andere Idee tatsächlich zur Umsetzung kam und aus der heutigen Welt nicht wegzudenken ist.

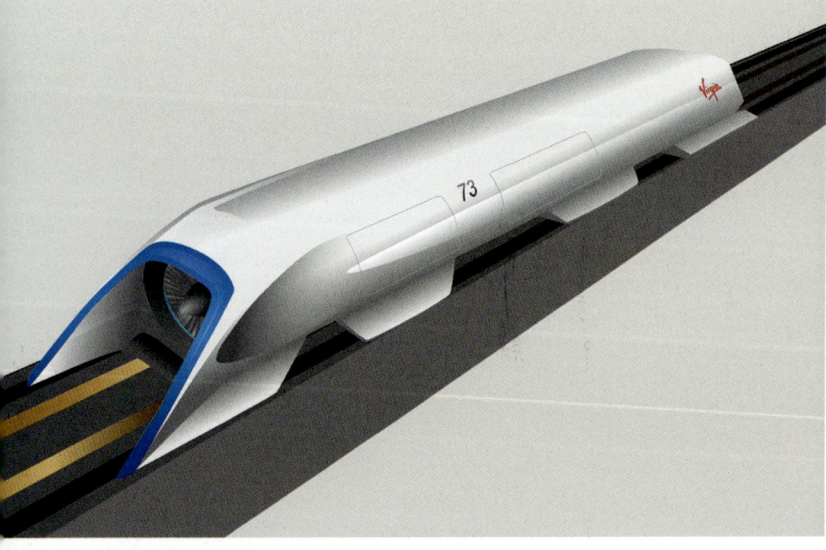

Konzeptstudie Design Hyperloop – Camilo Sanchez

Die älteste Zahnradbahn

Steil hinauf auf den Drachenfels

Sie ist die älteste Zahnradbahn Deutschlands: Ab der Betriebseröffnung im Jahr 1883 schnauften fast 80 Jahre lang Dampflokomotiven den Drachenfels hinauf. Die eingleisige Streckenführung mit einer Spurweite von 1.000 Millimetern führte über eine Streckenlänge von 1.500 Metern auf eine Höhe von 289 Metern. Dabei überwindet die Bahn einen Höhenunterschied von 219,60 Meterm. Zwischen den steil bergan führenden Schienen liegt bis heute eine Riggenbach'sche Leiterzahnstange, in die die Zahnräder der Lokomotiven bzw. der Elektrotriebwagen greifen. 1960 erfolgte die Umstellung auf elektrische Triebwagen mit einer Leistung von 175 kW, die bis heute im Einsatz sind. Die Steigung beträgt satte 200 Promille!

Triebwagen aus der Anfangszeit – Bergbahnen im Siebengebirge AG/Drachenfelsbahn

Der Drache auf dem Berg, der Sage nach

Nach der berühmten Sage soll auf dem Berg ein Drache gelebt haben. Viel wahrscheinlicher für die Namensgebung des Berges ist, dass hier große Mengen an Quarz**trach**yt gefunden wurden. Für die Sichtflächen des Kölner Doms wurden Steine aus diesem Material verwendet, die noch heute vorhanden sind.

Mit ihr den Berg hinauf

Die Zahnradbahn auf den Wendelstein

12

Die Erschließung des Wendelsteins für Touristen begann in den Jahren 1882/1883. Etwa 100 Meter unterhalb des Gipfels dieses markanten Aussichtsberges wurde das erste bewirtschaftete Unterkunftshaus der bayerischen Alpen errichtet. Der Bau einer Zahnradbahn auf den Wendelstein war eine logische Konsequenz, um den Münchnern ihren Hausberg einfacher zugänglich zu machen. In der Zeit von 1910 bis 1912 gelang dem aus Baden stammenden Geheimen Kommerzienrat Dr. h. c. Otto von Steinbeis mit 800 überwiegend bosnischen Arbeitern in nur zwei Jahren der Bau der ersten deutschen Bergbahn, der Zahnradbahn auf den Wendelstein.

„Seine Zahnradbahn" sollte mit elektrischer Energie den Berg bezwingen. Eine geregelte Stromversorgung gab es in der ländlichen Umgebung zu dieser Zeit allerdings noch nicht. Hierfür wurde 1910 im Brannenburger Ortsteil Hinterkronberg ein Wasserkraftwerk mit zwei Turbinen errichtet. Daraus konnte der Gleichstrom erzeugt werden, den die Zahnradbahn für ihren Betrieb benötigt. Die ursprünglich 9,95 Kilometer lange Meterspurstrecke umfasst sieben Tunnel, acht Galerien, zwölf Brücken und aufwendige Stützmauern und überwindet mittels einer Strub'schen Zahnstange immerhin 1.217 Höhenmeter.

Bereits 1912 erfolgte die feierliche Übergabe

Am 25. Mai 1912 wurde Deutschlands erste Hochgebirgsbahn feierlich dem Verkehr übergeben. 1961 führte der zunehmende Straßenverkehr zu einer Umbaumaßnahme, bei der die Talstrecke ab Bahnhof Brannenburg aufgelassen und der Talbahnhof in den Ortsteil Waching verlegt wurde. Die Streckenlänge beträgt nunmehr 7,66 Kilometer. Die Bahn wurde ab 1990 modernisiert. Fortan sind zwei Doppeltriebwagen der Schweizerischen Lokomotiv- und Maschinenfabrik Winterthur (SLM) und der deutschen Siemens AG im Einsatz.

Für Sonderfahrten wie zum Beispiel bei Mondscheinfahrten kommen aber weiterhin noch zwei komplette alte Zuggarnituren zum Einsatz. Aber auch für Schneeräumarbeiten im Winter oder Transportfahrten sind die alten Fahrzeuge weiterhin unentbehrlich. Am Gipfel des Wendelstein befinden sich eine Sternwarte, eine Wetterstation, ein Radio- und TV-Sender, der im Jahr 1954 seinen Betrieb aufnahm, und eine Kirche.

Hoch hinaus auf 66.000 Zähnen in der Strub'schen Zahnstange. Interessant: Die Zahnstangen aus der Anfangzeit sind bis heute im Einsatz. Sie mussten nie ausgetauscht werden.

Der geheime Kommerzienrat Dr. h. c. Otto von Steinbeis – beide Bilder: Wendelsteinbahn GmbH

Höchster Bahnhof

Zahn um Zahn auf die Zugspitze

13

In den Jahren 1928 bis 1930 wurde die Strecke der Zahnradbahn auf Deutschlands höchsten Berg, die Zugspitze, gebaut. Die Strecke der Zahnradbahn mit 1.000 Millimeter Spurweite führte hierbei von Grainau über die Station Eibsee zum Gletscherbahnhof Zugspitzblatt in eine Höhe von 2.588 Metern und damit zum höchsten Bahnhof Deutschlands.

Ein neuer, 975 Meter langer Tunnel wurde 1987/88 zur Wintersaison eröffnet. Der „Rosi-Tunnel", benannt nach der Skilegende Rosi Mittermaier, die zugleich Tunnelpatin ist, zweigt bei Tunnellänge 3.800 Meter vom alten Zahnradtunnel ab und endet im Gletscherbahnhof Zugspitzblatt. In diesem Abschnitt überwindet die Zahnradbahn einen Höhenunterschied von 63 Metern. Der neue Tunnel ist eisenbahntechnisch wie der alte ausgerüstet. 1992 wurde die Zahradstrecke zum Schneefernerhaus nach 62 Jahren stillgelegt. Die mit einem Zahnstangensystem Riggenbach ausgestattete Strecke zwischen Grainau und dem Zugspitzblatt beträgt 11,5 Kilometer. Schutz vor Steinschlägen und Lawinen bietet ein 4,8 Kilometer langer Tunnel ab der Station Riffelriss mit mehreren Kehren bis zum Gletscherbahnhof.

Eine der steilsten Zahnradbahnen der Welt

Mit einer Maximalsteigung von 250 Promille überwindet die Zahnradbahn auf ihrer Fahrtstrecke einen Höhenunterschied von insgesamt 1.838 Metern und ist damit die steilste Zahnradbahn Deutschlands. Steigungen bei Eisenbahnen werden in Promille (lat. pro mille, vom Tausend) angegeben. Dabei ist das Verhältnis einer Strecke von einem Meter zu der

> **Wussten Sie schon?**
> Die Stadt Nürnberg hat eine ausgemusterte Zahnradbahn, Gleismaterial, Zahnstangen und Weichen günstig von der Zugspitzbahn gekauft. Es gab bereits Pläne, eine Zahnradbahn zum Restaurant im Nürnberger Tiergarten einzurichten, um eine Attraktion zu bieten, aber auch, um den steilen Anstieg zu überwinden. Leider wurde dies aus politischen Gründen noch immer nicht umgesetzt und die Zahnradbahn nebst Gleisen ruht in der Außenstelle des Verkehrsmuseums in Nürnberg.

Höhe in Millimetern maßgeblich. Die alten Zahnradlokomotiven mit 1.500 Volt Gleichspannung verrichten heute nur noch Schneeräumarbeiten oder Bau- bzw. Dienstfahrten. Bereits ab 1954 wurden moderne Zahnradtriebwagen eingesetzt, mit denen die Fahrtzeiten erheblich reduziert werden konnten. 1987 kamen zusätzlich zwei Doppeltriebwagen mit Reibungs- und Zahnradantrieb zum Einsatz, die auf der Reibungsstrecke eine Höchstgeschwindigkeit von 70 km/h erreichen. Damit verringerte sich die Fahrtzeit von Garmisch bis Grainau auf 13 Minuten. Seit 2001 steht die sogenannte Schweizer Garnitur mit Reibungs- und Zahnradantrieb für die Strecke Garmisch – Eibsee zur Verfügung.

Übrigens: Die Schweizer Garnitur wird auch bei der Wendelsteinbahn in leicht abgewandelter Form eingesetzt.

Schweizer Garnitur mit Reibungs- und Zahnradantrieb – Bayerische Zugspitzbahn Bergbahn AG/Jossi

Hoch hinauf

Die Fichtelbergbahn

14

Mit vier Dampflokomotiven geht es hoch hinauf, in die höchstgelegene Stadt Deutschlands, den Kurort Oberwiesenthal. Seit dem 19. Juli 1897 ist die Bahn bereits unterwegs. Ihre Strecke ist 17,35 Kilometer lang.

Der untere Haltepunkt Cranzahl kann mit der Erzgebirgsbahn auf der Normalspur erreicht werden. Dann wird es schmal: Der Umstieg auf die Schmalspurbahn bei einer Spurweite von 750 Millimetern, die mit 441 kW bei einer Maximalgeschwindigkeit bis zu 30 km/h einen gewaltigen Höhenunterschied erklimmen muss. Immerhin sind das 238 Meter und alles ausschließlich mit Reibungsantrieb bei einer Maximalsteigung von bis zu 27 Promille. Gezogen werden die 29 zur Verfügung stehenden Reisezugwagen in unterschiedlicher Garnitur. Darüber hinaus stehen sieben Packwagen sowie ein paar weitere Güterwagen zum Einsatz bereit. Insgesamt sind es neun Stationen und sechs Brücken, bis der Bahnhof Kurort Oberwiesenthal mit 893 Metern über NN erreicht ist. Die Stadt selbst ist mit einer Höhe von 914 Metern über NN angegeben.

Eine lange Geschichte!

Erste Überlegungen zum Bau einer Eisenbahnstrecke nach Oberwiesenthal wurden bereits im Jahr 1870 angestellt. Nach zahlreichen Vermessungs- und Vorarbeiten bis hin zur Genehmigung des Bahnbaus fand der Baubeginn erst 1896 statt. Mit den 1920er-Jahren stieg das Fahrgastaufkommen an. 1929 wurde die erste der neuen und stärkeren Lokomotiven der Baureihe 99(73–76) in den Plandienst der Fichtelbergbahn übernommen. Die Gleisanlagen in Oberwiesenthal wurden im Jahr 1936 in die noch heute vorliegende Form gebracht. Später wurde die erste Neubaudampflok der Baureihe 99(77–79) in Betrieb genommen. Die BVO Bahn GmbH wurde 1998 der Betreiber der Fichtelbergbahn. Kurz vor Oberwiesenthal schnaufen die Züge über das mächtige Hüttenbachviadukt. Die Stahlgitterbrücke ist 110 Meter lang und 23 Meter hoch. Sie wurde in den Jahren 2004 bis 2005 saniert. Am 9. Mai 2007 erfolgte die Umbenennung der BVO Bahn GmbH in die SDG Sächsische Dampfeisenbahngesellschaft mbH. Eine Jubiläumsfeier fand im Jahr 2012 statt: Ganze 115 Jahre ist die geschichtsträchtige Strecke in Betrieb. Zu jeder Zeit aber ist sie eine „Attraktion unter Dampf".

Hier liegt noch richtig Schnee! Hinauf zu Deutschlands höchstgelegener Stadt mit der Fichtelbergbahn – SDG Sächsische Dampfeisenbahngesellschaft mbH, Fichtelbergbahn/ Sven Oettel

Lokomotiven aus Volkseigenem Betrieb (VEB)

Nicht nur Wanderer und Rodelfreunde kommen in die landschaftlich einladende Region, die ein gewaltiges Waldgebiet umfasst und entlang des Pöhlbaches, der Grenze zur Tschechischen Republik, führt. Es sind viele Eisenbahnliebhaber, die diese Fahrtstrecke genießen und sich an dem Fuhrpark erfreuen. In Oberwiesenthal werden in der Lokomotivwerkstatt Instandsetzungsarbeiten vorgenommen. So kommen hier auch heute noch Lokomotiven der ehemaligen VEB Lokomotivbau „Karl Marx" Babelsberg zum Einsatz.

Gmundens steilste Bahn

Und der kleinste Straßenbahnbetrieb

15

Gmunden in Österreich ist nicht nur ein schönes Städtchen, Gmunden besitzt auch eine besondere Straßenbahn. Ihre Strecke ist mit einer Neigung von 100 Promille eine der steilsten Adhäsionsbahnen der Welt. Am 3. August 1894 wurde diese Bahn, deren heutige Eigentümerin die Gmundner Straßenbahn GmbH ist, eröffnet.

Sie hat aber noch eine Rarität zu bieten: Sie ist mit nur fünf Mitarbeitern und fünf Triebwagen auf einer Streckenlänge von 2,3 Kilometern der kleinste elektrische Straßenbahnbetrieb der Welt mit regulärem Verkehr. Pro Jahr nutzen aktuell 314.000 Fahrgäste diesen Service. Die fünf Straßenbahner betreuen übrigens ihre Fahrzeuge technisch größtenteils selbst. Doch auch diese charmante Bahn sollte, wie viele andere auch, zugunsten eines Busverkehrs eingestellt werden – wie vor rund 40 Jahren auch die Straßenbahnbetriebe in St. Pölten und St. Florian. Dank eines aktiven Vereins und der Gmundner Einwohner, die ihre Straßenbahn lieben, konnte sie aber bis heute erhalten werden.

Auch hier verdrängte das Auto die Bahn

Die Betriebsführung liegt in den Händen der Stern & Hafferl Verkehrsgesellschaft m.b.H., die im Zusammenhang mit der „Haager Lies" ebenfalls Erwähnung findet. Bei einer Streckenlänge von 2,315 Kilometern hält die Bahn an acht Haltestellen und wird im Gmundener Verkehrsverbund als Linie „G" geführt. Sie verbindet die etwas außerhalb des Ortes liegende Bahnstation Gmunden der Salzkammergutbahn mit dem Stadtzentrum. Mit einer Betriebsspannung von 600 Volt Gleichstrom zuckelt die Bahn gemütlich über die meterspurige, durchaus spektakuläre Strecke. Sie schlängelt sich durch enge Straßen zwischen den Häusern hindurch hinunter zur Seepromenade. Dabei rollt sie über die Gefällestrecke durch das Villenviertel und passiert das Arkadenhaus, welches der Firmensitz der Erbauer der Strecke und der Betreiberfirma, der Stern & Hafferl Verkehrsgesellschaft m.b.H., ist.

Aktuell sind drei vierachsige und zwei zweiachsige Triebwagen im Betrieb. Darunter befindet sich auch der Triebwagen IV aus dem Baujahr 1898. Dieser Triebwagen wurde unter Beibehaltung des historischen Erscheinungsbildes auf den heutigen Straßenbahnbetrieb umgebaut.

Die Strecke soll noch erweitert werden

Die Gmundener Straßenbahn verkehrt in einem 15- bzw. 30-Minuten-Intervall. Der Taktfahrplan der Straßenbahn hat sich bewährt. Von besonderem Vorteil für die Fahrgäste sind Kreuzungsvereinbarungen, die über Funk getroffen werden und die Anschlüsse zu den ÖBB-Zügen und Citybuslinien gewährleisten. Am 1. September 2018 wurde die Bahn wie geplant verlängert und der Zusammenschluss mit der Lokalbahn Gmunden–Vorchdorf feierlich eröffnet.

Und natürlich erzählt man sich auch zu dieser Bahn eine Legende: Nach Bekanntgabe des geplanten Streckenverlaufes hätte ein Villenbesitzer einen Teil seines Gartens an die Bahn verkaufen müssen. Das wollte er nicht und intervenierte in Wien. Daraufhin veranlasste der Kaiser höchstpersönlich eine Korrektur der geplanten Trasse. Somit konnte der Villenbesitzer seinen Garten weiterhin ohne Gleise genießen. Damals wie heute ist die Fahrt mit der Trambahn aber in jedem Fall spektakulär.

Fahrzeugparade des Gmundner Straßenbahnbetriebes – Stern & Hafferl

Die steilsten Strecken

Von der Geislinger Steige bis zur Schiefen Ebene

16

Die Eisenbahnrampe auf die Geislinger Steige trägt den Ruf, die steilste Eisenbahnstrecke in Europa zu sein. Ihren Ursprung hat sie in einem römischen Handelsweg. Heute teilen sich diesen Weg eine Bundesstraße und die Eisenbahnstrecke München–Stuttgart. Sie beginnt bei Geislingen an der Steige und führt auf einer Länge von über fünf Kilometern 113 Meter hinauf nach Amstetten.

Mitte des 19. Jahrhunderts war die erste Bahnstrecke von Heilbronn bis Friedrichshafen am Bodensee beschlossene Sache. Allerdings hatte man das Problem zu lösen, die Schwäbische Alb zu überqueren. Nach vielen Erwägungen fiel der Entschluss, die heute als Geislinger Steige bekannte Trasse zu verwenden. Bis zu 4.000 Arbeiter waren teilweise an dem Bau beteiligt, der im Jahr 1850 fertiggestellt wurde. Die Königlich Württembergischen Staatseisenbahnen hatten die Herausforderung zu meistern, diese Rampe zu befahren. Dazu musste ein Schiebebetrieb eingerichtet werden. Erst mit der Elektrifizierung der Strecke gegen Mitte der 1930er-Jahre und dem beginnenden Einsatz stärkerer elektrischer Lokomotiven konnte bei Reisezügen auf Schubloks verzichtet werden.

Bereits im Jahr 1841 entschied sich das Königreich Bayern für eine Bahnverbindung nach Sachsen. Diese Ludwig-Süd-Nord-Bahn sollte Nürnberg und Hof verbinden. Die große Herausforderung war der Höhenanstieg im Fichtelgebirge. Zunächst eingleisig, mussten auf der etwa sieben Kilometer langen Strecke 158 Höhenmeter und damit eine Steigung von 25 Promille bewältigt werden. Dazu waren besondere Kunstbauten erforderlich. Alle Dämme und Stützmauern erreichen zusammen eine Länge von nahezu 1,5 Kilometern. Daher wird die Schiefe Ebene aufgrund ihrer technischen Herausforderung von jeher als Meisterleistung angesehen. Sie gilt in Europa als die erste Bahn, die einen solchen Höhenunterschied ohne zusätzliche technische Hilfsmittel bewältigt.

Zusätzliche Lokomotiven vorne und hinten!

In Oberfranken zwischen Neuenmarkt-Wirsberg und Marktschorgast befindet sich der steile Anstieg der bayerischen Ludwig-Süd-Nord-Bahn, der Eisenbahngeschichte schreiben sollte. Unterschiedliche Möglichkeiten, die Steigung zu überwinden, wurden geprüft und verwor-

Regional-Express mit Dosto-Steuerwagen Richtung Bodensee auf der Fahrt über die Geislinger Steige – Deutsche Bahn AG/Georg Wagner

fen. Das größte Problem stellten die zur Verfügung stehenden Dampflokomotiven dar, deren Fahrgestelle starr waren und die damit die engen Radien im Gelände nicht befahren konnten. In den Vereinigten Staaten jedoch gab es bereits Lokomotiven mit beweglichen Fahrgestellen. Darauf wurde der deutsche Eisenbahnpionier Friedrich August von Pauli aufmerksam und übernahm dieses Wissen für das Projekt. Die Strecke sollte ausschließlich mit Reibungstechnik befahren werden. Zu Zeiten der Dampfloks waren zuweilen zwei Lokomotiven vorgespannt und auch hier mussten die meisten Züge mit einer weiteren Lokomotive nachgeschoben werden. Die letzten im Regeldienst der Deutschen Bundesbahn eingesetzten Dampflokomotiven der Baureihe 01 verkehrten bis 1973 über die Schiefe Ebene.

Wussten Sie schon?
Die „Schiefe Ebene" ist in ihrer Art ein Vorbild für spätere Streckenverläufe wie etwa über den Gotthard oder den Semmering.

Ein Kuriosum sondergleichen

Mit 50 auf der Hochgeschwindigkeitsstrecke

17

Können Sie sich vorstellen, mit einer Eisenbahn mit lediglich 50 km/h auf einer Hauptstrecke zu fahren, auf der auch internationale Expresszüge brausen?

Rund 25 Kilometer nördlich von Gmunden liegt eine stillgelegte normalspurige Bahnstrecke, die die Orte Haag und Lambach im Salzkammergut in Österreich verband. Schon im Juli 1901 wurde die Strecke, die sich im Besitz der Österreichischen Bundesbahn befindet, eröffnet. Seinerzeit wurden die Lokalbahnzüge von Dampflokomotiven gezogen. Die 22 Kilometer lange Strecke wird Haager Lies genannt. Bereits im Jahr 1933 wurde ihre Strecke vom Verkehrsunternehmen Stern & Hafferl GmbH mit 800 Volt Gleichstrom elektrifiziert. Dieser Gesellschaft wurde von der BBÖ, später ÖBB, die dortige Betriebsführung übertragen. Die Elektrifizierung bewahrte die Strecke vor der Stilllegung.

Gleich- und Wechselstrom auf einer Strecke

Bei Neukirchen befand sich eine Einbindung in die Westbahn. Die Österreichischen Bundesbahnen elektrifizierten 1948 die Westbahn, die eine der Hauptmagistralen Österreichs darstellt. Jetzt kreuzte die Haager Lies nicht nur die Westbahn, sie fuhr auch auf ihr, etwa drei Kilometer, um genau zu sein. Daraus ergab sich ein echtes Kuriosum. Die 800-Volt-Gleichstromwagen mussten auf der 15.000-Volt-Wechselstrom-Westbahn fahren. Das wäre das Aus für die Lokalbahn gewesen, hätte da nicht das Verkehrsunternehmen Stern & Hafferl eine dauerhafte Lösung gefunden. Sie ließen im Jahr 1952 einen Gleichrichterwagen bauen, der mit einem Quecksilbergleichrichter und einem Transformator beide Betriebsarten, also Gleich- und Wechselstrom, verarbeiten und den Triebwagen mit Strom versorgen konnte. Damit war eine Befahrung der Westbahnstrecke sichergestellt.

Umständlich, aber machbar: 800 Volt versus 15.000 Volt

Ein wenig umständlich erscheint die Technik schon. Jedes Mal muss vor dem Übergang auf die Hauptstrecke der Gleichrichterwagen einrangiert und gekuppelt werden. Aber nur so ging es eben. Es wäre sicher anders gelaufen, wäre die Haager Lies nicht schon vor der Westbahn elektrifiziert worden. Dennoch, sie musste immer warten, bis die Hauptstrecke frei war. Es bleibt jedenfalls befremdlich, wenn ein Schienenfahrzeug mit knapp 50 km/h über eine Strecke rollt, auf der internationale Expresszüge verkehren. Bis Ende der 1980er-Jahre bestand diese Betriebssituation. Immerhin machten Mehrsystemtriebwagen die Gleichrichterwagen überflüssig. Danach gab es nur noch Sonderfahrten. Im Rahmen der Erhöhung der zulässigen Geschwindigkeiten auf der Westbahn hatte die ÖBB eine oberflächenquerende Einbindung anderer Linien nicht mehr zugelassen. Die Strecke, deren Besitzer noch immer die ÖBB war, wurde nunmehr als nicht vernetzte Eisenbahn geführt. Bereits 2006 sollte die Strecke eingestellt werden. Eine Verlängerung bis 2009 wurde noch gewährt, der Personenverkehr auf der Haager Lies aber wurde dann eingestellt.

Mit gekuppeltem Gleichrichterwagen auf der Haager Lies – Stern & Hafferl

Der langsamste Schnellzug

Eine besondere Bahnfahrt, bei der es keiner eilig hat

18

Der Glacier-Express entstand infolge des aufkommenden Tourismus in der Region. Die Dörfer St. Moritz oder Zermatt entwickelten sich zu luxuriösen Kurorten. Im Jahr 1926 wurde von den ansässigen Bahngesellschaften eine durchgehende Strecke von Wallis nach Graubünden eröffnet. Am 25. Juni 1930 ist der Glacier-Express erstmalig auf der Strecke zwischen Zermatt und St. Moritz unterwegs. Die Fahrt mit dem Luxuszug dauerte knapp elf Stunden. Die nur in den Sommermonaten verkehrenden Kurswagen wurden rege genutzt und beförderten die Reisenden von Brig nach Chur und nach St. Moritz.

65 Meter hoch und 136 Meter lang: der Landwasserviadukt – © RhB/Andrea Badrutt

Der Weg ist das Ziel

Die vollständige Elektrifizierung der Strecke konnte Anfang der 1940er-Jahre vollzogen werden. Auch in der neutralen Schweiz zeigte der Zweite Weltkrieg seine Wirkung: Ab 1943 wurde der Expressverkehr eingestellt, aber bereits 1948 wieder aufgenommen. In den späten 1950er- und 1960er-Jahren erhielt die Linie schnellere und komfortablere Triebfahrzeuge. Der „langsamste Schnellzug der Welt", wie die Bahn liebevoll genannt wird, konnte damit kürzere Fahrzeiten anbieten und die Attraktivität weiter steigern. Da die Furka-Bergstrecke nicht wintersicher ausgebaut war, konnte der Glacier-Express nur in den Sommermonaten verkehren. Erst über 50 Jahre später ist die Strecke auch im Winter befahrbar. Mit der Fertigstellung des Furka-Basistunnels zwischen Oberwald und Realp konnte 1982 schließlich der Fahrbetrieb durch den Tunnel aufgenommen werden. Das Interesse und damit die weltweite Nachfrage nach dieser einzigartigen Schweizer Berglandschaft und der Exklusivität der Kurorte nahm weiter zu. Ab den Achtzigerjahren wurden Fahrzeuge und Strecke weiter modernisiert und konnten dem internationalen Reisemarkt auf zeitgemäße Weise angeboten werden. Dennoch ist sich der Glacier-Express treu geblieben.

Tradition und Moderne

Am 25. Juni 2015 feierte der Glacier Express seinen 85. Geburtstag.

In den Jahren von 2006 bis 2009 wurde das Rollmaterial vollständig erneuert und verfügt nun über Panoramawagen, aus denen die wunderbare Region in Ruhe bestaunt werden kann. Die Züge des Glacier-Express' werden auf dem Streckenteil der Rhätischen Bahn von Adhäsionslokomotiven ohne Unterstützung durch einen Zahnradantrieb gezogen. Die Leistungen dieser Lokomotiven liegen zwischen 1.180 und 3.200 kW. Auf dem Abschnitt der Matterhorn-Gotthard-Bahn werden zwei Lokomotiven mit je 1.932 kW Leistung über Zahnradantrieb eingesetzt. Alle Strecken haben eine Spurweite von 1.000 Millimetern.

In einer Pressemitteilung der RhB wird das Buch von Patricia Schultz zitiert. Dort wird der Glacier-Express als einer von „1000 places to see before you die" erwähnt. Die Bahnfahrt als ein „Muss" – durchaus verständlich. Jeder Eisenbahnliebhaber wird auf der Strecke permanent mit neuen, eindrucksvollen Superlativen konfrontiert. Etwa 200.000 Fahrgäste aus rund 120 Nationen sind jedes Jahr mit diesem Luxuszug unterwegs. 291 Brücken und 91 Tunnel befinden sich auf der Strecke durch drei Kantone. Dabei werden rund 1.500 Meter Höhenunterschied überwunden.

Die Alpenpremiere

Die Semmeringbahn, ein Nadelöhr

19

Sie war die erste normalspurige Eisenbahnlinie über die Alpen und wurde von der UNESCO 1998 zum Weltkulturerbe erklärt. „Sie repräsentiert eine herausragende technische Lösung eines großen physikalischen Problems in der Konstruktion früherer Eisenbahnen", so die Kommission.

Zu Beginn des 19. Jahrhunderts verfolgte man Bestrebungen, die Lücke für die Anbindung nach Triest zu schließen. Auch hier war das Gebirge die größte Herausforderung. Erzherzog Johann beharrte auf seiner Idee, eine Bahnlinie von Wien nach Triest über den Semmering zu errichten. Endlich, im Jahr 1841, wurde der Auftrag zum Bau dieser Bahnlinie erteilt. Der in Venedig geborene Ingenieur Carlo Ghega erarbeitete ein Konzept, in dem eine Linienführung vorgesehen war, die ausschließlich mit Reibungstechnik befahrbar ist. Unter anderem war die zu diesem Zeitpunkt hohe Arbeitslosigkeit ausschlaggebend, die Baupläne zu genehmigen. Die erste normalspurige Bergbahn Europas konnte in der sehr kurzen Bauzeit von nur sechs Jahren errichtet werden. Allerdings erschwerte das schroffe Gelände die Bauarbeiten enorm. Mit den einfachen Maschinen dieser Zeit mussten zeitweise bis zu 20.000 Arbeiter an der Strecke beschäftigt werden.

Der schwierige Bau forderte Tribut: über 1.000 Tote

Enorme Mengen an Erde und Gestein wurden bewegt. Dazu kam der Bau von 16 Viadukten und 15 Tunnel, von etlichen Stützmauern und Galerien ganz abgesehen. Aus diesem Grund stiegen die veranschlagten

---

Wussten Sie schon?

Die Semmeringbahn ist ein Nadelöhr. Sie gilt als die am meisten befahrene Bahnstrecke Österreichs. Heute fahren bis zu 300 Züge am Tag über diese Strecke. Zusätzlich sind hier Steigungen bis zu 25 Promille und endlose Kurven zu bewältigen. Das hat zur Folge, dass die Schienen häufiger erneuert werden müssen, als das bei anderen Strecken der Fall ist. Die Haltbarkeit der Schienen liegt bei maximal drei bis fünf Jahren. Diese Strecke gilt als eine der anspruchsvollsten Europas. Daher wird sie auch heute noch als Teststrecke für Lokomotiven benutzt. Auch die deutsche Industrie testet dort neue Lokomotiven.

Austria Zug auf der Fleischmannbrücke – Tourismusbüro Semmering/Erich Kodym

Baukosten von zehn Millionen Gulden auf das Doppelte. Auf dieser Strecke ist ein Höhenunterschied von immerhin 457 Metern zu überwinden, um auf den Scheitelpunkt von 896 Metern zu gelangen. Insgesamt ist die Strecke 41 Kilometer lang. Durch Unfälle, Typhus und Cholera verloren 1.048 der am Bau beteiligten Menschen ihr Leben.

Erst verspottet, dann zum Ritter geschlagen

Als 1848 mit dem Bau der Strecke begonnen wurde, stand keine passende Lokomotive zur Verfügung, die eine solche Steigung hätte bewältigen können. So kam es zu einem Wettbewerb. Unter den vier aussichtsreichsten „dampfenden" Teilnehmern der Konkurrenz wurde die Bavaria der Münchner Lokomotivfabrik Maffei als Sieger gekürt.

Die Eröffnung der Bahnstrecke für den allgemeinen Personenverkehr fand am 17. Juli 1854 statt. Carlo Ghega wurde seinerzeit verspottet, dann aber zum Ritter geschlagen, Carl Ritter von Ghega war fortan sein Name. Zur Erinnerung an ihn und seine geniale Ingenieurskunst steht ein Denkmal am Bahnhof Semmering.

Die älteste Privatbahn

Die Dampfbahnstrecke am Chiemsee

20

Außergewöhnlich im Hinblick auf den Fahrzeugpark und die Betriebsführung ist sie mit Sicherheit: die Bockerlbahn vom Chiemsee. Mit ihren 1,8 Kilometer Länge zählt die Chiemseebahn zu einer der kürzesten Bahnen Deutschlands. Bereits im Jahr 1887 wurde die Bahnlinie in Betrieb genommen. Aus diesem Jahr stammt auch die bei Krauss in München mit der Fabriknummer 1813 gebaute Dampflokomotive mit einer Leistung von 44 kW.

Seitdem fährt die mit Kohle betriebene Lokalbahn auf einer Spurweite von 1000 Millimetern von Mitte Mai bis Mitte September vom Bahnhof Prien hinunter zum Hafen Prien/Stock und das völlig frei von Problemen. Ihre Höchstgeschwindigkeit liegt bei 25 km/h. 1950 erhielt die Bn2t-Kastendampflokomotive einen neuen Kessel und 1960 wurde das Bremssystem der Wagen auf den Stand der Zeit gebracht. Das alte System in den Wagen ist jedoch noch vorhanden und könnte benutzt werden. Die Betriebsführung übernahm 1887 die LAG in München, von 1888 bis 1961 die Chiemsee-Bahn Feßler & Comp.

Übrigens: Bei der Chiemseebahn handelt es sich um die einzig noch verbliebene Dampftrambahn Deutschlands.

Tochterunternehmen der Chiemsee-Schifffahrt

Seit 1962 gehört die Chiemsee-Bahn als Tochterunternehmen zu 100 Prozent zur Chiemsee-Schifffahrt Ludwig Feßler KG in Prien am Chiemsee. Sie ist die älteste noch betriebsfähige private Bahn. Der derzeitige Fahrzeugpark besteht aus einer Dampflokomotive, Krauss-München, Nr. 1813 von 1887, einer Diesellokomotive, Deutz-Köln, Nr. 57499 von 1962, einem Salonwagen der 1. Klasse, MAN-Nürnberg von 1887, zwei geschlossenen Personenwagen der 2. Klasse, MAN-Nürnberg von 1887, fünf halboffenen Sommerwagen der 2. Klasse, MAN-Nürnberg von 1887, einem geschlossenen Gepäckwagen mit 1.- und 2.-Klasse-Abteil, MAN-Nürnberg von 1888, und einem Hochbordwagen von Schöndorff-Düsseldorf von 1923.

Ein Schienenhunt wurde in Eigenbau in der Werkstatt der Chiemseebahn im Jahr 2014 nach historischem Vorbild hergestellt.

Dampflokomotive, Krauss-München, Nr. 1813 von 1887 – Chiemsee-Schifffahrt
Ludwig Feßler KG

Nr. 1813 mit neuer Lackierung. Die ursprüngliche Linierung wurde bereits um 1900
geändert – Stefan Friesenegger

Der älteste Elektrozug

Die Trossinger Eisenbahn – eine Menge Geschichte!

Mit Beginn der Produktion von Mundharmonikas im Jahr 1827 verändert sich Trossingen zu einem kleinen Industriestandort, in dem bald vier unterschiedliche Hersteller Harmonikas produzierten. Mit der Eröffnung der Bahnverbindung zwischen Villingen und Rottweil erhielt auch Trossingen einen Anschluss mit eigenem Bahnhof. Leider liegt dieser Bahnhof etwa vier Kilometer vom eigentlichen Ort entfernt. Die Rohstoffe, aber auch die fertigen Produkte

Elektrische Lokomotive EL4 „Lina": der älteste betriebsbereite Elektrozug der Welt – Freundeskreis Trossinger Eisenbahn

mussten vier Kilometer mit Fuhrwerken transportiert werden. Das war nicht nur teuer, sondern auch umständlich. Also entschloss man sich zum Bau einer Eisenbahn, um die bestehende Lücke zu schließen.

Mutig! Ein kleines Dorf baut seine Bahn selbst

Die Besonderheit der Entstehungsgeschichte der Verbindungsbahn ist, dass ein Dorf mit 3.000 Einwohnern beschließt, eine eigene Eisenbahn zu bauen und diese elektrisch zu betreiben. Und das, obwohl es im ganzen Dorf zu diesem Zeitpunkt noch gar keine Elektrizität gab. Außerdem war der Bau der Bahn weder finanziell abgesichert, noch lag eine Konzession vor. Die Entscheidung zum Bau der elektrischen Verbindungsbahn wurde sprichwörtlich bei Kerzenlicht getroffen! Dennoch wurde 1896 mit dem Bau der Betriebsgebäude, einer Bahnstrecke und eines eigenen Elektrizitätswerks begonnen. Ein Jahr später konnte die „Aktiengesellschaft Elektrizitätswerk und Verbindungsbahn Trossingen" gegründet werden, um an die notwendigen Mittel zu kommen. Schon im Jahr 1898 wurde die Konzession zum Bau und Betrieb der Bahn erteilt und sie konnte am 14. Dezember des gleichen Jahres ihre Fahrt aufnehmen. Mit einer Strecke von nur vier Kilometer Länge zählt sie zu einer der kürzesten privat betriebenen Bahnstrecken in Europa, die auch noch den Sprung ins 21. Jahrhundert geschafft hat. Die Anbindung an die Staatseisenbahn brachte eine Zunahme des Güterverkehrs mit sich. 1902 wurde daher für den Rangierdienst die elektrische Lokomotive EL4 mit dem Namen „Lina" hinzugekauft.

In den folgenden Jahren wurden sowohl der Fuhrpark als auch die Betriebsgebäude erweitert. Bereits 1909 aber stand die Aktiengesellschaft vor dem Aus und die Bahn wurde in den Besitz der Stadt Trossingen übernommen. Die weiterhin finanziell angeschlagene Bahn suchte nach finanziellen Entwicklungsmöglichkeiten. Eine Übernahme der Bahn durch den Staat scheiterte aber mit dem Ausbruch des Ersten Weltkriegs im Jahr 1914.

Nahezu alle Fahrzeuge sind bis heute erhalten

1967 wird die damals älteste elektrische Lokomotive in Deutschland ausgemustert. Es ist für eine Eisenbahngesellschaft ungewöhnlich, dass fast alle Fahrzeuge, die jemals im Einsatz waren, erhalten bleiben. Meist werden die nicht mehr benötigten Fahrzeuge verschrottet oder für andere Aufgaben umgebaut. Nicht so in Trossingen. Heute befinden sich alle Fahrzeuge wieder – oder sogar noch immer – im Originalzustand. Deshalb besitzt die Trossinger Eisenbahn auch den ältesten betriebsbereiten Elektrozug der Welt!

Zur Ostsee auf Schienen

Mit der historischen Bäderbahn in die Sommerfrische

22

1886 erteilte der Großherzog von Mecklenburg die Konzession für die 6,6 Kilometer lange Strecke von Doberan nach Heiligendamm zunächst als Dampftrambahn. Auf der Schmalspuranlage mit 900 Millimeter Spurweite wurde nur in der Sommersaison ein Zugbetrieb angeboten. Vier Jahre später wurde die Privatbahn verstaatlicht. 1910 konnte die Strecke auf 15,4 Kilometer von Heiligendamm über Steilküste nach Kühlungsborn West verlängert und ein Betrieb mit Reise- und Güterzügen das ganze Jahr über angeboten werden. Im Jahr 1920 fand eine Übernahme der Strecke durch die Deutsche Reichsbahn statt. 1976 wurde die gesamte Bahn unter Denkmalschutz gestellt. Im Jahr 1994 wird die Bäderbahn „Molli" Bestandteil der Deutschen Bahn AG.

Ab 1995 erste Privatbahn Mecklenburg-Vorpommerns

1995 erfolgte die Privatisierung zur Mecklenburgischen Bäderbahn Molli als erste Privatbahn im neuen Bundesland Mecklenburg-Vorpommern. Zugleich wurden alle Fahrzeuge, die Gleisanlagen und die Gebäude der Bahn umfassend saniert. 2004 fand dann eine feierliche Jungfernfahrt des „100-jährigen Zuges" mit restaurierten historischen Wagen statt. 2011 hatte Molli ihr 125-jähriges Jubiläum. In den Jahren 2011/2012 wurden die Gleisanlagen nochmals umfangreich saniert. 2015 feierte man 20 Jahre erfolgreiche Privatisierung der Mecklenburgischen Bäderbahn Molli GmbH & Co. KG. In der Regel besteht ein Zug aus fünf Reisezugwagen und einem Gepäckwagen. Gezogen wird er ausschließlich mit historischen, von der Firma Orenstein & Koppel gebauten Dampflokomotiven.

Verschiedene öffentliche und individuelle Sonderzüge mit originalgetreu aufgearbeiteten Innenausstattungen werden angeboten. Dabei trägt das Personal historische Uniformen. Außergewöhnlich ist sicher auch, dass „Molli" mitten durch die Fußgängerzone der Innenstadt von Bad Doberan fährt – und das mit einer Dampflok! Angeblich beruht der Name „Molli" auf einem Missverständnis. Molli, der Mops einer älteren Dame, war ausgebüchst. Ihr lauter Ruf nach dem Hund brachte nicht den Hund, sondern den sich nähernden Zug mit einer Notbremsung zum Stehen. Der Lokführer hatte sich vom Ruf der Dame angesprochen gefühlt. Seit diesem Ereignis „hört" die Bäderbahn auf den Namen „Molli".

99 2322-8 von Ostseebad Kühlungborn West nach Bad Doberan, bei der Einfahrt in Bad Doberan – Stephan Kemnitz

Mecklenburgische Bäderbahn, „Molli"-Romantik im Schnee – Archiv MBB Molli

Lok „Emma"

Das längste Schmalspurnetz Englands

23

Der Vergleich mit Lummerland, Emma und Jim Knopf, dem jungen Lokomotivführer, von Michael Ende ist schon gerechtfertigt, wenn man sich die Steam Railway auf der Isle of Man in der Irischen See ansieht.

Mit ihren 26 Kilometer Länge ist die Steam Railway die längste Schmalspurbahn in England. Sie verbindet die Städtchen Port Erin im Süden mit der Hauptstadt Douglas im Osten und nimmt dabei die Route an der Küste entlang über Castletown und Ballasalla.

Bereits 1874 wurde die Linie eröffnet und besteht noch heute im regulären Betrieb. Nicht nur für Touristen, auch für die Einheimischen stellt die Bahn ein wichtiges Transportmittel dar.

Gezogen werden die meist vier Wagen von einer kohlebefeuerten Dampflokomotive. Lackiert sind die maximal 40 km/h schnellen Loks in Grün und elegantem Braunrot.

Nicht alle Wagen haben die langen Jahre in der rauen Irischen See unbeschadet überstanden. Aber die „Manx", die Bewohner der Insel, sind stolz und halten die komplette Bahn nebst Schienen, zahlreichen Brücken und Bahnhöfen in Kleinarbeit immer wieder instand.

Das Wahrzeichen von IoM: The Three Legs of Man

Die Sitze in den Wagen sind mit plüschigem Stoff bezogen, in dem das Wahrzeichen von IoM, The Three Legs of Man, die Flagge der Isle of Man in Form von drei in einem gleichschenkeligen Dreieck angeordneten, laufenden Beinen eingewebt ist. Die Beine sind an den Oberschenkeln miteinander verbunden und an den Knien angewinkelt. Skurril an der Isle of Man ist, dass Königin Elisabeth II. von England Staatsoberhaupt ist, man aber eine eigene Sprache, eigenes Geld, niedrigere Steuern, eigene Briefmarken und eigene Gesetze hat – und eigenständig ist.

Gerne siedelten sich hier Menschen mit viel Geld an. Als Steueroase ist die Isle of Man aber heute nur noch bedingt geeignet, da sich die Behörden mit den europäischen Nachbarländern auf eine höhere Transparenz geeinigt haben. Neben dem legendären Motorradrennen, der Tourist Trophy, die jährlich Tausende Interessierte aus der ganzen Welt anzieht, haben sich auch einige Stars und Sternchen auf der Insel niedergelassen. Auch Kinofilme wurden vor der markanten Kulisse gedreht.

Lok 12 Hutchinson in Port Erin vor Dienstbeginn – Stefan Friesenegger

Die älteste Straßenbahn der Welt

Dass die Eisenbahn in England geboren wurde, zeigt sich auf der Isle of Man besonders deutlich. Auf der nur 572 Quadratkilometer großen Insel sind noch drei weitere spektakuläre Eisenbahnen im aktiven Einsatz. Neben der Douglas Bay Horse Tramway verbindet die Manx Electric Railway die Städte Douglas mit Ramsey an der Ostküste. Sie ist mit ihrer Gründung im Jahr 1893 die älteste Schmalspurbahn der Britischen Inseln. Ihre noch immer betriebsbereiten Straßenbahnfahrzeuge sind die ältesten der Welt. Die Strecke, die der Küstenlinie folgt, weist eine Länge von 27,4 Kilometern auf.

Auf der Kapspur in eine Höhe von 2.036 Fuß – Stefan Friesenegger

Eisenbahn-Superlative Isle of Man

Den mit seinen 621 Metern höchsten Berg der Insel erklimmt die acht Kilometer lange Snaefell Mountain Railway. Sie ist auf den britischen Inseln die einzige elektrisch betriebene Bergbahn. Mit ihrer besonderen Spurweite von 1.067 Millimetern, der sogenannten Kapspur, ist sie mit die letzte ihrer Art in Europa. Die bereits 1895 gegründete Bergbahn klettert mittels Adhäsion am Berg entlang.

Eine Besonderheit ist die Mittelschiene, System Fell: Bei der Talfahrt bremsen waagrecht liegende Reibräder als Zangenbremsen die Fahrzeuge.

Haben Sie das gewusst?

Kängurus haben ihre Heimat in Australien. Aber auch auf der Isle of Man leben wilde Kängurus. Das hat nichts mit der Eisenbahn zu tun? Sie haben natürlich recht! Aber der Hinweis sei gegeben, dass eine Sichtung von Wallabys während einer Bahnfahrt auf der Isle of Man nicht auf eine Sehstörung zurückzuführen ist. Bei einem schweren Sturm fiel ein Baum auf den Schutzzaun eines Wildparks und riss ein Loch hinein. Dabei flüchteten zahlreiche Kängurus. Sie leben heute „in freier Wildbahn" und vermehren sich prächtig.

Entschleunigung pur

Eine der letzten Pferdebahnen der Welt

Die Hauptstadt Douglas im Osten der Isle of Man verfügt nicht nur über das älteste parlamentarische Organ der Welt, den Tynwald, es besitzt auch die wohl langsamste Bahnstrecke der Welt: die Douglas Bay Horse Tramway. Um die Abnutzung der Gelenke und Hufe der Tiere zu vermindern, wurde eigens in der Schmalspur von drei Fuß, also 914 Millimetern, eine dämpfende Laufspur aus Gummi eingearbeitet. Die zweispurige Pferdestraßenbahn wurde 1876 eröffnet und ist noch immer in Betrieb. Heute jedoch mehr für die bis zu rund 300.000 Touristen pro Jahr, von denen viele die rund 2,8 Kilometer lange Strecke nutzen, um von der Endhaltestelle der Steam Railway zur Manx Electric Railway zu gelangen. An der Endhaltestelle Derby Castle ist der Betriebshof der Manx Electric Railway. Sie gehört zu einer der letzten Pferdestraßenbahnen der Welt. Von den Wagen aus der Anfangszeit sind noch heute einige betriebsbereit im Einsatz. Der Betrieb findet nur noch in den Sommermonaten statt.

Geduldige Arbeitstiere mit einem PS bei der Douglas Bay Horse Tramway – Herbert Graf

Das längste Schmalspurnetz

25 Dampflokomotiven im aktiven Einsatz

25

Die Harzer Schmalspurbahnen GmbH (HSB) verfügen über das längste zusammenhängende Schmalspurstreckennetz in Europa mit fahrplanmäßigem Dampfbetrieb! 25 Dampflokomotiven, sechs Diesellokomotiven, zehn Triebwagen und viele historische Personenwagen bilden den Fuhrpark. Dabei bestehen die HSB aus der Harzquer-, Selketal- und der Brockenbahn. Bereits im Jahr 1972 wurde dieses Zeugnis der Eisenbahntechnik und Ingenieurskunst unter Denkmalschutz gestellt. Nach Erteilung der Konzession zum Bau und dem Betrieb einer Schmalspurbahn in 1.000 Millimeter Spurweite im Jahr 1896 wurde eine Strecke von Nordhausen nach Wernigerode angelegt. Hier entstand bereits die so bekannte Abzweigung auf den Brocken. Noch im gleichen Jahr erfolgte die Gründung der Nordhausen-Wernigeroder Eisenbahngesellschaft (NWE). In den folgenden Jahren wurden immer weitere Streckenabschnitte eröffnet. 1909 übernahm die NWE die Betriebsführung von der Eisenbahnbau- und Betriebsgesellschaft Berlin und verlegte 1916 den Sitz ihrer Verwaltung nach Nordhausen-Wernigerode.

Stillstand nach sowjetischer Besatzung

Aufgrund der sowjetischen Besatzung erfuhr die Harzquer- und Brockenbahn nach dem Zweiten Weltkrieg eine herbe Einschränkung und lange Zeit auch die völlige Einstellung des Zugverkehrs. Schließlich wurde die NWE enteignet. Am 1. April 1949 wurde dann die Harzquer- und Brockenbahn der Deutschen Reichsbahn zur Nutznießung übergeben. In den Jahren 1955 und 1956 konnten 13 Neubaulokomotiven angeschafft werden. Im November 1991 wurde dann die Harzer Schmalspurbahnen GmbH gebildet und seit Juli 1992 verkehren die Züge wieder regelmäßig.

Hätten Sie das gedacht?

Die Harzer Schmalspurbahnen haben Superlative zu bieten: Der Brockenbahnhof mit 1.125 Metern über Null ist der höchstgelegene Bahnhof aller deutschen Schmalspurbahnen und der Triebwagen T3 der ehemaligen Nordhausen-Wernigeroder Eisenbahngesellschaft ist das älteste betriebsfähige dieselelektrische Eisenbahnfahrzeug Deutschlands.

Die Brockenbahn kurz vor dem Ziel – Harzer Schmalspurbahnen GmbH

99 7243-1 in winterlicher Kulisse – Harzer Schmalspurbahnen GmbH

Die längste Bahnreise der Welt

Mit der Transsib bis an den Pazifik

26

Hier ist Sitzfleisch gefragt! Die längste Bahnreise der Welt dauert bis zu 25 Tage am Stück, je nachdem, welche Route gefahren wird und wo die Bahn hält. Am Schluss hat sie 9.288 Kilometer hinter sich gebracht! Ihre Route beginnt in Moskau, führt über Kasan, Jekaterinburg, Nowosibirsk, Irkutsk, Krasnojarsk und Baikalsee (Ulan Ude) bis Wladiwostok am Pazifik. Damit liegt sie auf dem ersten Platz der längsten Bahnreisen der Welt, die Transsibirische Eisenbahn, auch Транссибирская магистраль auf Russisch, oder einfach und sachlich Transsib genannt. Bereits in den 1870er-Jahren wurden die Planungen für die Eisenbahn aufgenommen. Zar Alexander III. entschied sich für eine durchgehende Hauptachse ohne Eisenbahnfähren.

Mehr als eine Milliarde Rubel Baukosten

Der Bau dieser Bahnstrecke, der in vielen Teilabschnitten erfolgte, war mit enormen Schwierigkeiten verbunden. Gleise versanken, wenn der Permafrost taute, Erdrutsche verschütteten bereits fertiggestellte Gleisabschnitte, Brunnen mussten eigens für das Wasser der Dampflokomotiven gegraben werden, bei Überschwemmungen wurden Brücken fortgespült. In gebirgigen Regionen mussten viele Tunnel gebaut werden. Darüber hinaus erschwerten die klimatischen Bedingungen bei teilweise minus 50 °C die Bauvorhaben. Hier kann man sich auch vorstellen, dass viele der am Bau beteiligten Menschen krank wurden oder zu Tode kamen. Neben den russischen Arbeitern waren Arbeiter aus Italien, Korea, China und Japan, aber auch Zwangsarbeiter und Strafgefangene im Einsatz. Die geplanten Baukosten konnten nicht eingehalten werden. Zuletzt beliefen sie sich auf mehr als eine Milliarde Rubel. Ursprünglich war die Strecke nur einspurig gehalten, auch konnte sie aufgrund ihrer mangelhaften Qualität nur sehr langsam befahren werden. Viele Unfälle ereigneten sich. Erst nach dem Zweiten Weltkrieg wurde die Strecke verbessert und zweigleisig ausgebaut. Ende 2002 wurde die vollständige Elektrifizierung vollendet. Die nach Peking abzweigende Route ist jedoch noch heute größtenteils eingleisig und nicht elektrifiziert. Neben der ursprünglichen Strecke mussten immer wieder neue Trassen angelegt werden. Teilweise verlaufen sie nur wenige Meter nebeneinander, in anderen Fällen musste der Streckenverlauf aufgrund der topografischen Lage vollkommen verändert werden.

Die klassische Route ist als durchgezogene Linie eingezeichnet. Die gestrichelten Linien zeigen weitere Streckenvarianten. – www.transsibirische-eisenbahn.de

Saisonale Züge fahren auf den Ursprungstrassen

Aufgrund der enormen Länge der Strecke existieren bis auf den heutigen Tag unterschiedliche Eisenbahnverwaltungen. Der Regelbetrieb wird aber von der staatlichen Russischen Eisenbahngesellschaft RŽD gehalten. Die zusätzlich eingesetzten saisonalen Züge befahren teilweise noch die ursprünglichen Trassen der Anfangszeit.

Seit dem Jahr 2011 verlässt täglich ein Güterzug von DB Schenker Rail Automotive mit Containern das BMW-Werk Leipzig nach Shenyang in China. Inhalt: Autoteile und Automobilkomponenten für den chinesischen Automobilmarkt. Dabei legt der Zug eine Strecke von mehr als 11.000 Kilometern zurück, aus Deutschland über Polen, Weißrussland, Russland bis China. Nach etwa 23 Tagen erreicht der Zug das BMW-Brilliance-Werk in Nordchina. Die Güter würden auf dem Schiff doppelt so lange unterwegs sein. Seit einigen Jahren haben sich Reisen mit der Transsib zu begehrten Urlaubsaktivitäten mit der Eisenbahn entwickelt. Auf der legendärsten Bahnroute der Welt mit dem Sonderzug „Zarengold" unterwegs zu sein, ist und bleibt attraktiv. Dieser Zug befährt teilweise auch die eigentlich stillgelegte Trasse und erfüllt Jugendträume.

Eisenbahnjuwelen in der Welt

Vorsicht: Schienen machen süchtig!

27

Eisenbahnliebhaber haben das Glück, nahezu auf jedem Kontinent spektakuläre Bahnfahrten unternehmen zu können und Zuglegenden anzutreffen. So führt beispielsweise eine wunderbare, etwa 3.500 Kilometer lange Route von Vancouver über Jasper nach Toronto über die Rocky Mountains mit dem Rocky Mountaineer. Auch die vielen Routen durch Amerika, allen voran die USA-Transkontinentale von New York quer durch die Vereinigten Staaten nach San Francisco, sind spektakulär.

Einmal Baikalsee und zurück

Für die Transsibirische Eisenbahn können auch Sonderzüge wie etwa die Sonderreise „Zarengold" gebucht werden, bei der die Reiselänge sowie die Route individuell zusammengestellt werden können. Wem die komplette Reise mit der Transsib zu lang ist, kann beispielsweise eine Reise von Moskau „nur" an den Baikalsee buchen. Es gab schon Eisenbahnliebhaber, die eine Reise mit der Transsib hinter sich gebracht haben und davon überzeugt waren, von der Eisenbahn nichts mehr hören oder sehen zu wollen. 9.288 Kilometer sind harter Tobak!

Die längste Eisenbahnstrecke der Welt – ohne Kurve

Eine besondere Eisenbahnfahrt mit 4.352 Kilometer Streckenlänge durch die Weiten Australiens führt mit dem Indian Pacific von Perth nach Sidney durch drei Zeitzonen. In der Nullarbor-Wüste befindet sich mit einer Länge von 478 Kilometern der längste Streckenabschnitt der Welt, auf dem keine einzige Kurve vorkommt. The Ghan hat seine Route zwischen Darwin und Sidney. Vorbei am Ayers Rock legt dieser Zug knapp 3.000 Kilometer zurück. Der Spirit of Queensland fährt auf der alten Route an der Küste des Great Barrier Reef.

Die Wüste lebt

In Nordafrika bildet der Lezard Rouge, die rote Eidechse, eine Verbindung zwischen der Sahara und dem Hohen Atlas. Aber stellen Sie sich auf bewaffnete Zugbegleiter zu Ihrer Sicherheit ein!

Von Johannesburg durch den Krüger-Nationalpark zu den Victoria-Wasserfällen bis Sansibar, Indischer Ozean inklusive. Von Kapstadt bis

Der Rocky Mountaineer macht Station in Jasper. Im Hintergrund die Rocky Mountains. – Stephan Ritter

nach Johannesburg mit dem berühmten Blue Train, alle diese Reisen dauern und sind relativ teuer, aber sicher unvergesslich!

Single Malt Whisky und Dudelsack

Der Royal Scotsman ist ein Zug, der für Luxus bürgt. Die meist siebentägige Eisenbahnreise durch Schottland ist als königlich einzustufen; preislich wie von der Betreuung. Die eindrucksvolle Eisenbahnreise beginnt in Edinburgh, führt über Glasgow in die schottischen Highlands nach Fort William und schließlich nach Arisaig. Hier sind historische Dampf- oder Diesellokomotiven im Einsatz. Beeindruckend sind die vielen Brücken. Ebenfalls im Norden, in Skandinavien, werden großartige Eisenbahnreisen angeboten. Beginnend in Stockholm bis hinauf in einen der nördlichsten Teile der Eisenbahnen Europas und wieder zurück durch Norwegen bis Malmö in Südschweden.

Pekingente oder Toyota?

Auch fernöstliche Regionen bieten Superlativen: Entlang der Seidenstraße nach Peking oder zum Dach der Welt mit der Tibet-Bahn, die übrigens über hervorragende Gleisanlagen und moderne Brücken verfügt. Und auch Japan ist eine Reise wert: etwa mit dem leisesten Superhochgeschwindigkeitszug der Welt oder eine Bahnfahrt nach Hiroshima.

Einst der Modernste

Luxus pur – die Oberklasse der Schiene

28

Der Trans Europ Express ist längst eine Legende. In der Zeit des Wirtschaftswunders entstand mit ihm ein neuer Stil des Reiseverkehrs. Bereits 1957 setzte die Deutsche Bundesbahn auf die modernen Dieseltriebzüge und verband westdeutsche Großstädte mit vielen europäischen Metropolen.

Fahrten nach Mailand, Paris oder Basel wurden in den exklusiven und vollklimatisierten Speise- oder Salonwagen zum Vergnügen. Auf Wunsch konnte man seine Korrespondenz von einer Zugsekretärin erledigen lassen. Eine Bar war für das Flaggschiff der DB selbstverständlich. Die Triebwagen VT11.5, später Baureihe 601 der DB, sind mit einer Motorleistung von 809 kW je Triebwagen von der BZA München in Zusammenarbeit mit der LHB, Wegmann und der MAN entwickelt worden. Die Höchstgeschwindigkeit lag anfangs bei 140 km/h, später bei 160 km/h.

TEE auch anders

Auch die Baureihen E 10^{12}/112 oder später die E 03/103 zogen, farblich angepasst, diese Luxuszüge. In den Nachbarländern, gestärkt durch die ersten gemeinschaftlichen Leistungen der kontinentalen Bahnen mit Publikumswirksamkeit und des Anschlusses an den stärker werdenden Wettbewerb, wurde das TEE-Netz ausgebaut. Im europaweiten TEE-Angebot fuhren jedoch unterschiedliche Fahrzeuge, da man sich nicht auf ein einheitliches Fahrzeugmodell einigen konnte. Die Einführung des Zugpostfunks, das Telefonieren vom Zug aus, entstand 1969. Die größte Ausdehnung des TEE-Netzes war 1974 erreicht. Die Geschichte des TEE endete im Mai 1987.

Hätten Sie das gedacht?

Dem Ruf nach immer schnelleren Zügen folgend, wurde der dieselhydraulische Antrieb Anfang der 1970er-Jahre bei fünf Triebwagen gegen Zweiwellen-Hubschrauberturbinen von Avco-Lycoming ausgetauscht. Daraus entstand die Baureihe 602 der DB mit 1.618 kW pro Turbine. Diese ist von außen an den größeren Lufteinlässen und Abgaskaminen zu erkennen. Bereits 1978 war die „Turbinenfahrt", da zu störanfällig, wieder zu Ende.

Die TEE-Züge der Deutschen Bundesbahn

Zugname:	Strecke:	Beginn:	Ende:
Rhein-Main	Amsterdam – Frankfurt	1957	1972
Saphir	Oostende – Köln	1957	1958
Helvetia	Hamburg – Zürich	1957	1979
Paris-Ruhr	Paris – Dortmund	1957	1973
Parsifal	Paris – Dortmund	1957	1960
Diamant	Antwerpen – Dortmund	1965	1971
Blauer Enzian	Hamburg – München	1965	1970
Rheingold	Amsterdam – Genf	1965	1987
Rheinpfeil	Dortmund – München	1965	1971
Rembrandt	Amsterdam – München	1967	1983
Roland	Bremen – Mailand	1969	1979/80
Blauer Enzian	Hamburg – Klagenfurt	1970	1979
Goethe	Paris – Frankfurt	1970	1975
Prinz Eugen	Bremen – Wien	1971	1978
van Beethoven	Amsterdam – Bonn	1972	1979
Diamant	Brüssel – Köln	1973	1976
Erasmus	Den-Haag – München	1973	1980
Molière	Paris – Düsseldorf	1973	1979
Merkur	Kopenhagen – Stuttgart	1974	1978
Gambrinus	Hamburg – Stuttgart	1978	1989
Diamant II	Hamburg – München	1979	1981
Bacchus	Dortmund – München	1979	1980
Friedrich Schiller	Dortmund – München	1979	1982
Goethe II	Dortmund – Frankfurt	1979	1983
Heinrich Heine	Dortmund – Frankfurt	1979	1983
Albert Schweizer	Dortmund – Straßburg	1980	1983

Baureihe 601 bei Assmannshausen im Jahr 1982 – Werner Brutzer

Jenseits des Polarkreises

Der nördlichste mit Normalspur angebundene Bahnhof Europas

29

Auf der Suche nach Eisenerz stieß man nördlich des Polarkreises bei Kiruna und Gällivare auf große Vorkommen. Um dieses Eisenerz an seinen ersten Bestimmungsort nach Narvik zu bringen, wurde die unter dem Namen „Erzbahn" bekannte Eisenbahnstrecke gebaut, die im Jahr 1888 fertiggestellt und in den Betrieb übernommen werden konnte. Der durch eine britische Gesellschaft durchgeführte Bau hatte fast fünf Jahre gedauert. Der Streckenverlauf führt von Luleå in Schweden am Bottnischen Meerbusen über den Polarkreis bis zur norwegischen Hafenstadt Narvik. Mit ihrer Spurweite von 1.435 Millimetern ist sie die nördlichste normalspurige Bahnstrecke Europas.

Sprengung der Norddalbrücke durch Soldaten

Etwa zehn Jahre später wurde ein neuer Streckenverlauf beschlossen, da der Transportweg lang und der Hafen im Winter vereist war. Dabei musste eine Strecke von der Erzabbaustelle in Kiruna nach Norwegen gebaut werden. Aber auch hier kämpften die Pioniere mit der Geografie des Landes. Die Bahnlinie musste in dem gebirgigen Terrain Höhenunterschiede bis zu 500 Metern überwinden. Erst 1902, mit der Eröffnung dieser Bahnstrecke, wurde der Bahnhof in Narvik für den Personenverkehr in Betrieb genommen. Im Hinblick auf eine eventuelle Kriegsgefahr wurden Vorrichtungen für militärische Maßnahmen in den Bau der Bahnlinie einbezogen. Durch eine Sprengung im Bedarfsfall sollte die 40 Meter hohe und knapp 180 Meter lange Norddalbrücke eine Unterbrechung der Strecke bewirken. Für die Herstellung der Brücke wurden Stahlträger und Verbindungen aus Deutschland verwendet. Bekannt wurde die Brücke unter anderem aus der Schlacht um Narvik, bei der im Zweiten Weltkrieg norwegische Soldaten versuchten, die Brücke zu sprengen. Es blieb nicht nur beim Versuch. Die erfolgte Sprengung zerstörte die Brücke jedoch nicht. Sie ist damit nahezu noch im Ursprungszustand erhalten, wird jedoch heute aus statischen Gründen von der Erzbahn nicht mehr überquert. Ein neuer Streckenverlauf führt nun durch einen Tunnel. Neue Pläne für Erweiterungen des Schienennetzes wurden bereits teilweise umgesetzt. Im Besonderen die Strecke Narvik-Hafen – Fagernes ist nun in ihrem Aufbau für eine Achslast von 30 Tonnen ausgelegt.

Der Hunger nach Erz ist ungebrochen

In den 1920er-Jahren war die gesamte Eisenbahnlinie bereits elektrifiziert. In den darauffolgenden Jahrzehnten wurde die Strecke immer wieder erweitert und die Fahrbahn verstärkt. Mit über 8.000 Tonnen Gewicht sind hier die schwersten Erzzüge der Welt unterwegs. Zusätzliche Bahnhöfe und Kreuzungsstellen werden noch immer gebaut. Weitere Vorkommen an Eisenerz und die weltweite Nachfrage nach dem Grundbaustein für Stahl aller Art rechtfertigen diese Baumaßnahmen. In der Ausdehnung des Gesamtstreckennetzes gab es bereits Überlegungen, die Norddalbrücke wieder betriebsfähig aufzubereiten und in den Eisenbahnverkehr einzubeziehen. Auf den Strecken fahren inzwischen nicht mehr nur Erzzüge. Auch andere Güter werden hier transportiert und der Personenverkehr rollt ebenfalls über große Teile der Strecke. Einige dieser Züge werden auch von privaten Anbietern betrieben.

IC 95 Narvik-Luleaa Centra bei Bergfors – Andreas Hackenjos

Heiß? Weit gefehlt!

Die südlichste Eisenbahn der Welt

30

Es gibt ihn wirklich, den Bahnhof am Ende der Welt. Dazu muss man sich erst einmal vorstellen, wo dieses Ende der Welt liegt. Kapstadt in Südafrika ist für die meisten von uns schon sehr südlich. Aber im Vergleich dazu ist das der reinste Norden. Den Bahnhof am Ende der Welt finden wir noch viel weiter südlich, an der untersten Landzunge von Argentinien. Er liegt sogar noch unterhalb der Falkland-Inseln, zwischen dem 54. und dem 56. südlichen Breitengrad.

El Tren del Fin del Mundo

The End of the World Train, der Zug beziehungsweise Bahnhof am Ende der Welt, Fin del Mundo ist der Ort, von dem die Züge abfahren. Die Strecke hatte einmal eine Gesamtlänge von 25 Kilometern. Der „Zug der Häftlinge" wurde von Strafgefangenen gebaut. Heute müssen die Lokomotiven nur noch die verbliebene Strecke von sieben Kilometern hinter sich bringen. Etwa zwei Drittel der Strecke führen am Fluss Pipo entlang, vorbei am Cañadón del Toro über eine ausgesprochen imposante Brücke. Ein Zwischenhalt im Bahnhof Casacada la Macarena bietet den Fahrgästen, im Grunde ausschließlich Touristen, die Möglichkeit, die wunderbare Aussicht zu genießen. An diesem Ort ist eine typische Ansiedlung von Häusern

Die neueste Lok „Zubieta", Baujahr 2006. Erbaut in den Werkstätten von Girdlestone Rail in Port Shepstone in Südafrika – The End of the World Train, Argentina

Mit Volldampf durch den Schnee – The End of the World Train, Argentina

aus alten Tagen, den Yámanas, wieder aufgebaut worden. Die Bahnfahrt führt im weiteren Streckenverlauf in den Nationalpark Tierra del Fuego, der westlich an Chile grenzt und in seinem Norden einen Teil der Anden berührt. 1960 wurde der etwa 63.000 Hektar große Nationalpark eröffnet. Hier wachsen noch heute Bäume aus der subantarktischen Zeit. Im Nationalpark endet die Bahnfahrt. Der Rückweg kann mit dem Zug oder alternativen Transportmitteln angetreten werden. Damit sind eine Wanderung oder der Pferderücken gemeint, was in der wunderbaren Landschaft allerdings nicht zu verachten ist.

Alle Arbeiten an Loks und Wagen werden selbst gemacht

In der Lokomotiv-Werkstätte, die auch besichtigt werden kann, werden alle anfallenden Arbeiten vom Personal selbst ausgeführt. Auch Ersatzteile werden hier hergestellt. Das müssen sie auch, denn so schnell kommt hier niemand hin. Die Bahngesellschaft ist wirklich bemüht, auf den Umweltschutz zu achten. Im Fuhrpark stehen zwei kleine Diesel- und drei Dampflokomotiven zur Auswahl. In den kältesten Wintermonaten Juni und Juli kommen sie jedoch nicht ohne Schneefräse oder Schneepflug auf der Schiene voran. In Argentinien sind nahezu alle Klimazonen der Erde anzutreffen, aber an der südlichen Spitze, darf man nicht mehr viel erwarten. Mehr als 14 °C werden hier nie gemessen.

Die Lokomotiven wirken allesamt nahezu fabrikneu und sehr sauber. Auch die Verlegung der Schienen ist einwandfrei. Daher sind die Züge, die aus drei bis fünf Wagen bestehen, ohne großes Ruckeln auf ihrer nur 500 Millimeter breiten Schmalspur unterwegs. Die bunten Farben der Lokomotiven und eine Menge Messing blitzen und blinken.

Die größte Ziegelbrücke

Die Göltzschtalbrücke, ein Wahrzeichen!

31

Am 14. Januar 1841 wurde der Staatsvertrag für den Bau der Eisenbahnlinie Nürnberg – Leipzig unterzeichnet. Die Sächsisch-Bayerische-Eisenbahn-Companie entschied sich für eine Strecke durch das sächsische Vogtland und musste so unter anderem das Tal der Göltzsch mit einem Viadukt überspannen. Anhand einer Ausschreibung in den renommiertesten Tageszeitungen Deutschlands im Jahr 1845 wurde nach dem günstigsten Angebot gesucht. Die eingereichten Vorschläge wurden von einer Kommission unter Leitung von Professor Johann Andres Schubert geprüft. Robert Wilke, Oberbauleiter der Eisenbahnstrecke, hatte ebenfalls einen Entwurf eingereicht. Am Ende entstand die Konstruktion der Brücke aus dieser Zusammenarbeit.

Außergewöhnlich: Mörtel aus der Apotheke

Naturstein war in der erforderlichen Festigkeit in der näheren Umgebung nicht vorhanden. In einem Umkreis von rund 20 Kilometern waren jedoch genügend Ziegeleien ansässig, sodass man sich für Ziegel entschied. Die Ziegelsteine sind nach dem Dresdner Format hergestellt. Sie haben eine ungewöhnliche Größe von 27,7 auf 13,6 auf 6,5 Zentimeter. Da Zement in Deutschland zur damaligen Zeit noch nicht zur Verfügung stand und sein Import aus England zu teuer gewesen wäre, entwickelte ein Apotheker aus Reichenbach einen äußerst beständigen Mörtel. Diesem Mörtel sind neben Kalk und Sand auch Alaunschieferschlacke, Schmiedeschlacke und Ziegelmehl beigemengt. Bei Ausschachtungsarbeiten für den ersten Mittelpfeiler stieß man auf eine starke Alaunschieferschicht, die sich unter Einwirkung von Luft und Wasser in eine weiche, tonige Masse verwandelte. Erst in etwa 26 Meter Tiefe vermutete man eine feste Felsschicht. Aus diesem Grunde musste der bereits fertiggestellte Bauplan nochmals geändert und eine Verbreiterung der mittleren Bogenkonstruktion, aber auch eine Verstärkung der mittleren Bogenkonstruktion erarbeitet werden. Die Brücke erhielt daher ein anderes Aussehen als ursprünglich geplant. An besonders beanspruchten Stellen wie etwa den Fundamenten wurden Natursteinquader eingesetzt. Die Grundsteinlegung fand am 31. Mai 1846 statt, die Einweihung der Brücke feierte man am 15. Juli 1851. Sie wurde als zweigleisige, 574 Meter lange und zu diesem Zeitpunkt mit ihren 78 Metern höchste Eisenbahnbrücke der Welt für den Schienenverkehr freigegeben.

232 010 auf dem Weg von Nürnberg nach Leipzig/Engelsdorf – Thomas Oehler

Mehr als 26 Millionen Ziegelsteine wurden verbaut!

Der vierstöckige Viadukt mit seinen 98 Gewölben verschlang 26.021.000 Ziegelsteine und mehr als 48.000 Kubikmeter Quadergestein. Allein für die Gerüste und andere Zwecke wurden etwa 23.000 Baumstämme benötigt. Die Brücke wurde vollständig in Massivbauweise errichtet. Da sie direkt auf den Fels gebaut wurde, wurden bis heute keinerlei bauliche Absenkungen festgestellt. Im Jahr 2009 wurde die Brücke zum historischen Wahrzeichen der Ingenieursbaukunst in Deutschland erklärt und gehört zu den ältesten Zeitzeugen der Eisenbahngeschichte in Deutschland. Seit 2011 kann dieses Wunder der Baukunst auch von elektrischen Fahrzeugen befahren werden. Trotz ihres Alters genügt sie den Anforderungen des heutigen Eisenbahnverkehrs in vollem Umfang und ist für eine Geschwindigkeit bis zu 160 km/h freigegeben.

An einem der beiden Mittelpfeiler sind Gedenk- und Hinweistafeln angebracht. Hier wird auch des genialen Konstrukteurs, Forschers und Wissenschaftlers Prof. Johann Andreas Schubert gedacht. Über 30 Menschen waren bei den gefährlichen Arbeiten und den harten Arbeitsbedingungen an der Brücke ums Leben gekommen. In ihren über 150 Jahren nahmen sich zahlreiche Menschen das Leben durch einen Sprung in die Tiefe.

Eine der ältesten in Europa

Die Hubbrücke in Magdeburg

32

Die von jeher eingleisige Brücke mit einer Gesamtlänge von knapp 220 Metern ist eine der größten und ältesten Hubbrücken in Deutschland. Ihr Bau begann im Jahr 1846. Die Brücke wurde zur Überquerung der Elbe für die Eisenbahnstrecke nach Potsdam erbaut. Die längste Stützweite beträgt 90 Meter und ihre Konstruktion wiegt 400 Tonnen. Der durchgehende Zugverkehr wurde im August 1848 aufgenommen. Die Brücke, die auch Buckauer-Eisenbahnbrücke genannt wird, ist mit der Fertigstellung des Hauptbahnhofes in Magdeburg Teil der Bahnverbindung von Biederritz nach Magdeburg-Buckau geworden. Die Konstruktion aus Stahl bot in ihrer Anfangszeit noch eine unter der Bahnstrecke liegende Fahrbahn für Fahrzeuge, die jedoch den Schiffsverkehr auf der Elbe zu sehr behinderte. Bei dem ersten Umbau im Jahr 1876 wurde diese Fahrbahn entfernt und die Brücke zur reinen Eisenbahnbrücke.

Zahlreiche Umbauten veränderten die Brücke völlig

Urprünglich war auf einem Pfeiler in der Flussmitte eine Drehbrücke angebracht. Dies erwies sich jedoch bald als hinderlich, da die Schifffahrt auf der Elbe deutlich zunahm. Daher wurde der westliche Brückenpfeiler entfernt und ein neuer Stahlüberbau mit einer doppelten Stützweite eingesetzt. Im Jahr 1884 wurde auch auf der anderen Seite der Brücke ein Pfeiler abgebrochen und der Überbau verdoppelt. Bereits im Jahr 1895 wurde die vorhandene Drehbrücke gegen eine Hubbrücke ersetzt. In den folgenden Jahren wurden diverse Umbauten vorgenommen. Teils, weil Bauteile erneuert werden mussten, aber auch, weil man versuchte, der zunehmenden Schifffahrt gerecht zu werden. Dennoch erwies sich die Durchfahrtshöhe nicht mehr als ausreichend. Ab dem Jahr 1933 wurde die Brücke im Rahmen eines größeren Umbaus in die heute vorliegende Form gebracht. Hier entstand die Konstruktion mit einem 90 Meter überspannenden Überbau aus dem Werk Gustavsburg der Maschinenfabrik Augsburg Nürnberg, der innerhalb von fünf Minuten bis zu 2,87 Meter gehoben werden konnte.

Sprengung, Wiederaufbau – und doch das Ende?

Der neuen Konstruktion wichen die alte Hubbrücke, ein weiterer Überbau und noch ein Pfeiler. Die Hebeeinrichtung sollte die Brücke nur viermal am Tag heben und senken und das auch nur, wenn Hochwasser

Gut zu erkennen: die Schrägstellung der Brücke – Picture Alliance, Mgb20-050997, Fotograf unbekannt

herrschte. Am Ende des Zweiten Weltkrieges wurde die Brücke wie viele andere von deutschen Truppen gesprengt. Bereits ein Jahr später war die Brücke aber wieder aufgebaut. Im Jahr 1998 wurde die Eisenbahnstrecke stillgelegt. Knapp drei Jahre später trat an der Hubvorrichtung ein größerer Schaden auf, der nicht mehr repariert wurde. Die Brücke wurde dann in der obersten Stellung arretiert und zunächst als Fußgängerbrücke genutzt. 2005 wurde die Brücke komplett gesperrt. Wie auch viele andere technische Baudenkmäler ist die Hubbrücke in Magdeburg nun im Besitz eines Investors. Es gilt abzuwarten, was mit ihr geschieht. Ihre maximale Durchfahrthöhe gilt als nach wie vor zu niedrig.

Fast 15.000 Tonnen Stahl

Ein Stahlkoloss: Die Brücke bei Hochdonn

33

Der heutige Nord-Ostsee-Kanal hieß bis 1948 Kaiser-Wilhelm-Kanal. Er verbindet mit einer Länge von knapp 100 Kilometern die Ostsee an der Kieler Förde mit der Nordsee kurz vor der Elbmündung. Er ist die meistbefahrene Bundeswasserstraße für Seeschiffe weltweit. Durch eine Umfahrung auf dem Seeweg wäre die Strecke etwa 450 Kilometer länger. Die Durchfahrtshöhe aller Brücken wurde für die Kaiserliche Marine und Schiffe der Deutschlandklasse auf 42 Meter festgelegt. Durch die Zunahme des Verkehrs musste eine neue Brücke errichtet werden. An der Stelle der geplanten Trasse war jedoch der Untergrund nicht fest genug, sodass man gezwungen war, die Bahnstrecke etwa zwölf Kilometer nach Nordosten zu verlegen. Der Streckenverlauf musste in weiten Teilen verändert werden.

Im Jahr 1913 wurde mit dem Bau der Brücke begonnen, indem man zunächst das Grundwasser absenkte. Etwa ein Jahr später konnten bereits die ersten Betonfundamente gegossen werden.

Die längste Eisenbahnbrücke aus Stahl

Zunächst wurden von der Brückenbaufirma Eilers unter Anleitung des damaligen Leiters des Brückenbauamtes, Friedrich Voß, auf beiden Seiten des Kanals Stahlkonstruktionen errichtet. Nach deren Fertigstellung konnte auf der Nordseite mit dem Bau des Schwebeträgers begonnen werden. Gleichzeitig wurde auf der gegenüberliegenden Seite ein Führungsträger gebaut. Am 8. August 1919, mithilfe eines Schwimmkrans gestützt, konnte der Schwebeträger durch Muskelkraft zum Führungsträger gezogen und verbunden werden. Durch die Wirren des Ersten Weltkrieges hatte sich die Fertigstellung der Brücke verzögert, an deren Bau auch russische Kriegsgefangene beteiligt waren. Mitte der 1920er-Jahre wurde die Brücke für den Eisenbahnverkehr freigegeben und galt zu diesem Zeitpunkt als die längste Eisenbahnbrücke aus Stahl.

Wegen der großen Durchfahrtshöhe von 42 Metern musste eine lange Anfahrtsrampe errichtet werden. Die 2.218 Meter lange Stahlbrücke hat eine Hauptspannweite von 143,10 Metern. Der Schwebeträger wiegt rund 1.000 Tonnen. Im Ganzen hat die Brückenkonstruktion ein Gewicht von fast 15.000 Tonnen und ist nach ihrer vollständigen Sanierung seit Herbst 2008 wieder zweigleisig befahrbar.

Schwebeträger auf der Nordseite am 15. Juni 1917. Im Hintergrund des Bildes ist das Tragegerüst zu erkennen. Am 8. August 1919 wurde unter Einsatz eines Schwimmkranes ein Führungsträger mit dem Schwebeträger verbunden. In nur einer Stunde konnte der Führungsträger mittels Winden von Hand in seine endgültige Position gezogen werden. – Sammlung Uwe Möller

Ansicht von der Nordseite am 1. Juli 1920. Hier wird deutlich, welch ein gewaltiges Ausmaß die Eisenbahnhochbrücke von Hochdonn aufweist. – Sammlung Uwe Möller

Oben Brücke, unten Bühne

Baudenkmal Rendsburger Hochbrücke

34

Die Hochbrücke bei Rendsburg wurde in den Jahren zwischen 1911 und 1913 als Fachwerkkonstruktion erbaut und überspannt ebenfalls den Nord-Ostsee-Kanal. Eine Besonderheit ist die Schleifenführung der nördlichen Auffahrt. Für Rendsburg ist sie ein Wahrzeichen. Sie zählt zu den bedeutendsten Technikdenkmälern in Deutschland.

Als „Monstrum" gefürchtet und zunächst prinzipiell abgelehnt, wurde sie dennoch gebaut. Ursprünglich war als Auffahrtsrampe ein Bahndamm geplant, letztendlich einigte man sich aber auf eine gewaltige stählerne Konstruktion. Etwa 17.750 Tonnen Stahl wurden verbaut. Sie ist damit noch schwerer als die Eisenbahnhochbrücke von Hochdonn. Die Eröffnung der Brücke erfolgte im Oktober 1913. Die Elektrifizierung wurde aus statischen Gründen erst im Jahr 1995 vollzogen. Im Rahmen von Reparatur- und Korrosionsschutz-Arbeiten wurden die zweigleisig befahrbare Brücke und ihre Fundamente verstärkt.

Zusammen mit ihren langen Anfahrtsrampen hat die Brücke eine Länge von 7,5 Kilometern. Wie am Nord-Ostsee-Kanal üblich, beträgt die lichte

Die Rendsburger Hochbrücke mit dem „Däumling" – Deutsche Bahn AG/Günter Jazbec

LINT-Triebwagen, Baureihe VT 648, der DB Regio Schleswig-Holstein, unterwegs als
RB 21931 Flensburg – Kiel – Deutsche Bahn AG/Uwe Miethe

Höhe der Brücke 42 Meter. Fast ein Jahrhundert war sie die längste Eisenbahnbrücke Deutschlands. Eine Besonderheit der Brücke besteht darin,
dass sie eine Schwebefähre besitzt und damit damals wie heute Fußgänger
und PKW befördert. Die Gondel hängt an Stahlseilen unter der Brücke und
wird elektrisch betrieben. Sie ist weltweit eine von nur acht voll funktionsfähi-
gen und noch betriebenen Schwebebühnen dieser Art. Der „Däumling", wie
die Schwebefähre auch genannt wird, wurde seit Anfang der 1960er-Jahre
durch die Eröffnung eines Tunnels in den Hintergrund gedrängt.

Hier werden die Toiletten von außen abgesperrt

Die Brücke hat aber nicht nur als besonders bedeutende technische Archi-
tektur Schlagzeilen gemacht. Die Häuser und Gärten unterhalb der Brücke
mussten auch lange Zeit einen regelrechten Regen an Toilettenpapier und
Sonstigem gleicher Herkunft über sich ergehen lassen. Geschlossene Toilet-
tensysteme waren noch nicht üblich. Nach einem Gerichtsurteil musste die
Bahn sicherstellen, dass aus ihren Toiletten nichts mehr nach unten fallen
konnte. Ihre Zugbegleiter mussten die Toiletten vor Anfahrt der Brückenkonstruktion sperren – und zwar von außen. Bei den heutigen Vakuumtoiletten
können die Anwohner aber sicher sein.

Die Müngstener Brücke

Die höchste Eisenbahnbrücke Deutschlands

35

Unter den Schnellsten, Stärksten, Längsten oder Ältesten muss doch auch die Höchste zu finden sein. In diesem Fall ist das die höchste Eisenbahnbrücke Deutschlands, die Talbrücke von Müngsten. Die Bogenbrücke aus Stahl überspannt das Tal der Wupper in einer gewaltigen Höhe von 107 Metern. Das Riesenbauwerk liegt zwischen den Städten Solingen und Remscheid. Zu Beginn der Bauarbeiten im Jahr 1894 wurden Gleise bis zur Baustelle verlegt, um Baumaterialien und Bauarbeiter an den Ort zu bringen. Mehrere Tonnen Dynamit und Schwarzpulver waren erforderlich, die notwendigen Sprengungen am Fels durchzuführen. Knapp eine Million Nieten und etwa 5.000 Tonnen Stahl wurden in diese Brücke verbaut. Im Jahr 1897 wurde die Brücke dem Verkehr übergeben, bis zum Ende der Monarchie in Deutschland und der Ausrufung der Republik im Jahr 1918 hieß sie Kaiser-Wilhelm-Brücke. Den heutigen Namen verdankt die Brücke dem nahe gelegenen Ort Müngsten. Die Gesamtlänge der Brücke beträgt knapp 470 Meter. Die darüber führende Bahnlinie ist bis heute nicht elektrifiziert. Auf Betreiben von M.A.N. und des Vereins Deutscher Ingenieure wurde am Fuße der Brücke eine Gedenktafel angebracht. Des Ingenieurs Anton von Rieppel, der Vorstandsvorsitzender der Maschinenfabrik Augsburg-Nürnberg war, und der am Bau der Brücke beteiligten Bauarbeiter wird hier gedacht. Auch für Kaiser Wilhelm II. wurde am Fuße der Brücke eine Gedenktafel angebracht, nachdem er ihr im August 1899 einen Besuch abgestattet hatte.

Der Zahn der Zeit nagt an der Brücke

Zu Beginn des Jahres 2010 wurde vom Eisenbahn-Bundesamt aufgrund diverser Schäden an der Brücke ein Begegnungsverbot für Züge erteilt. Dazu kamen eine drastische Geschwindigkeits- und eine Gewichtsbegrenzung der Züge. Nur noch leichte Triebwagen durften die Brücke passieren, für den Güterverkehr war die Brücke ab sofort gesperrt. Mängel an den Brückenlagern und schwere Schäden durch Rost wurden festgestellt. Es war zu prüfen, welchen Schaden der Rost im Hinblick auf die Statik bereits angerichtet hatte. Eine Vollsperrung der Brücke wurde bereits angedroht. Nach diversen Messfahrten wurde die Brücke dann Ende 2010 vorübergehend stillgelegt. Laut der Deutschen Bahn AG sollte die Sanierung der Brücke

Die Müngstener Brücke, eine imposante Stahlkonstruktion – © Klingenstadt Solingen

etwa 30 Millionen Euro kosten. Die Dauer der Sanierung nahm letzten Endes mehr Zeit in Anspruch als geplant. Am 12. Dezember 2014 fuhr erstmals wieder – festlich geschmückt – ein Zug über die Müngstener Brücke.

Renovierungsarbeiten zogen sich in die Länge

Diverse Bauteile, wie Lager, Schrauben und Nieten sowie ganze Stahlteile der Trägerelemente mussten ausgetauscht werden, zu marode war die Substanz. Zudem wurde die gesamte Brücke gesandstrahlt anschließend mit einem 4-fachen Neuanstrich versiegelt. Auch die Gleise wurden komplett erneuert. Bis zum vollständigen Abschluss dieser Arbeiten musste die Brücke immer wieder kurzfristig gesperrt werden. Seit Dezember 2018 kann jedoch auch wieder der Güterverkehr über die Brücke rollen.

Die Saale-Elster-Talbrücke

Deutschlands längste Eisenbahnbrücke

36

Im Jahr 2006 wurde mit dem Bau der Saale-Elster-Talbrücke begonnen. Als Eisenbahnüberführung der Neubaustrecke von Erfurt nach Leipzig/Halle stellt die Hohlkastenkonstruktion aus Spannbeton mit einer Gesamtlänge von 8.614 Metern Deutschlands längstes Brückenbauwerk dar. Darüber hinaus ist sie auch die längste Fernbahnbrücke Europas. In der Nähe des Rattmannsdorfer Sees bei Korbetha, in dem sieben ihrer Pfeiler stehen, beginnt die Brücke und endet nördlich von Döllnitz. Dazwischen überquert sie die Auenlandschaft von Saale und Weißer Elster südlich von Halle.

Die Abzweigung nach Halle/Saale, eine Besonderheit

Als eine bauliche Besonderheit wird die Abzweigung bei Planena nach Halle/Saale gesehen. Das sogenannte Überwerfungsbauwerk besteht aus einer 110 Meter langen Stabbogenbrücke aus Stahl. In einer Höhe von über 20 Metern wird hier die Hauptstrecke über die Abzweigung nach

Landschaftsprägend: Abzweigung nach Halle/Saale – Deutsche Bahn AG/Frank Kniestedt

Längste Brücke Deutschlands im Projekt VDE8 in der Endmontage – Deutsche Bahn AG/Frank Kniestedt

Halle überführt. Für die Errichtung der Bogenbrücke Mitte 2012 wurde eine Hilfskonstruktion aus Stahl errichtet, die zunächst die einzelnen Stahlträger beim Zusammensetzen tragen sollte und nach Fertigstellung der selbsttragenden Brücke wieder entfernt wurde. Dabei wurden die vorgefertigten Stahlbauteile mit einem 1.200-Tonnen-Mobilkran an die richtige Stelle gehoben. Diese Konstruktion ist die längste Stahlbogenbrücke in Europa, die zugleich als Hochgeschwindigkeitsstrecke zugelassen ist.

Für Spitzengeschwindigkeiten bis zu 300 km/h

Insgesamt wurden für den Brückenbau nahezu 200.000 Kubikmeter Beton verbraucht. Während der Bauarbeiten ereigneten sich mehrere Unfälle, bei denen einige Bauarbeiter verletzt wurden und eine Verzögerung der Bauarbeiten die Folge war. Im Jahr 2013 war die Brücke in ihrem Rohbau fertiggestellt und der Einbau der Gleise als feste Fahrbahn konnte beginnen. Nach Fertigstellung kann auf dem Hauptbauwerk eine Spitzengeschwindigkeit von 300 km/h gefahren werden. Die Brücke ist auf der gesamten Strecke mit zahlreichen Messstellen ausgestattet. Am 9. Mai 2015 fand eine Großübung auf der Brücke statt und bereits am 13. Dezember 2015 wurde der Regelbetrieb aufgenommen.

Untendurch statt obendrüber

Die Kanalbrücke bei Eberswalde ist europaweit einmalig

37

Die alte Kanalbrücke – oder korrekt der Brückenkanal – des Oder-Havel-Kanals über die Berlin-Stettiner-Eisenbahn, 68,5 Kilometer nördlich von Berlin, stammte aus dem Jahr 1912. Sie entsprach den heute gültigen Anforderungen an die Standsicherheit nicht mehr und musste aus bautechnischen Gründen ersetzt werden. Auch die Abmessungen der alten Kanalbrücke erfüllten weder die neuen Anforderungen an die Wasserstraße noch an die darunter geführte Bahnlinie.

Eine enorme logistische Herausforderung!

Das Lichtraumprofil der Bahnunterführung war so niedrig, dass die Oberleitung in der Unterführung selbst stromlos geführt werden musste. Die darüber führende Wasserstraße hatte eine Fahrwasserbreite von 27 Metern und eine Fahrwassertiefe von nur 2,80 Metern. So entschied man sich zur Erstellung eines neuen Durchlassbauwerkes, ohne dabei den laufenden Verkehr auf Schiene und Wasserstraße zu unterbrechen. Dazu wurde die Bahnstrecke zwischen Eberswalde und Britz neu trassiert. Die Eisenbahnunterführung unter dem Kanal ist ein tunnelähnliches Bauwerk mit 150 Meter Länge an der Sohle und einer Länge von 102 Metern am Scheitel. Dazu kommen vorgelagerte Wannen auf der Südseite von 50 und auf der Nordseite von 290 Meter Länge. Die Öffnung der neuen zweigleisigen Eisenbahnunterführung beträgt 11,60 Meter und die lichte Höhe von mehr als 5,70 Meter über der Schienenoberkante. Auch ein neues Kanalbett wurde errichtet, das über die neue Unterführung hinwegführt. Während der Bauarbeiten blieb die alte Kanaltrasse mit dem alten Bauwerk noch in Betrieb. Als die neue Trasse geflutet war, wurde die alte Trasse abgeriegelt und das alte Kreuzungsbauwerk abgerissen. Im Rahmen des planerischen Vorgehens wurde zunächst der Platz für das neue Kreuzungsbauwerk festgelegt. Zur Diskussion standen ein Ersatzneubau an gleicher Stelle oder ein Neubau an einem verschobenen Standort. Als dieser festgelegt war, wurde der Verlauf einer zwangsläufig neuen Kanaltrasse daran angepasst. Im Vordergrund stand der Neubau des Kreuzungsbauwerks, nicht der Kanaltrasse. Für eine kurze Zeit existierten daher zwei Kanaltrassen. Um die Aufrechterhaltung des Bahnbetriebes zu gewährleisten, musste überwiegend nachts gearbeitet werden.

Neubau mit Blick in die Zukunft

Die Zielvorgaben des Bundesverkehrswegeplans sehen vor, dass der Oder-Havel-Kanal nunmehr eine Wassertiefe von vier Metern aufweisen muss. Bei der Herstellung einer „Neuen Fahrt" konnte eine Breite von 55 Metern erreicht werden. Die elektrifizierte Bahnstrecke ist für eine Höchstgeschwindigkeit von 160 km/h ausgelegt. Die vollständige Inbetriebnahme der Eisenbahnunterführung unter der Havel-Oder-Wasserstraße fand im Jahr 2007 nach dreijähriger Bauzeit statt. Die Kosten für das Gesamtprojekt beliefen sich auf etwa 50 Millionen Euro.

Bis ins Jahr 2009 waren die Aufräumarbeiten im Gange. Vor allem aber wurden zahlreiche landschaftspflegerische Ausgleichsmaßnahmen, zu denen neue Teiche und eine naturnah umgestaltete alte Kanalstrecke zählen, vorgenommen. Natur und Bahn stehen hier im Einklang: In den beiden Altarmen haben sich inzwischen bereits Biberfamilien angesiedelt.

Eisenbahnunterführung unter der Havel-Oder-Wasserstraße, HOW, 17. September 2012 – WSA Eberswalde

Die längste Schrägseilbrücke

Die Öresundbrücke, eine echte Länderverbindung

38

Mit einer Gesamtlänge von 7.845 Metern ist die Öresundbrücke die längste Schrägseilbrücke der Welt, die den Eisenbahn- als auch den Autoverkehr über die Ostsee führt. Die doppelstöckige Brücke verbindet die dänische Hauptstadt Kopenhagen mit der schwedischen Stadt Malmö und schafft damit eine echte Verbindung der beiden Länder, die sich die Planung und die Kosten geteilt haben.

Auf Fertigbauteilen über das Meer

Der Name Öresundbrücke beziehungsweise Øresundsbron setzt sich jeweils aus der schwedischen und der dänischen Schreibweise zusammen. In nur 40 Monaten wurde die Brücke, die fast vollständig aus Fertigbauteilen besteht, die auf dem Festland gebaut wurden, fertiggestellt und am 1. Juli 2000 konnte sie feierlich dem Verkehr übergeben werden. Einzig die 203,5 Meter hohen Pylone wurden auf dem Meer selbst aus Stahlbeton gegossen. Die doppelstöckige Brücke, deren Decks durch Fachwerkträger aus Stahl gehalten werden, bietet im unteren Deck Platz für eine zweigleisige Schienenanlage und auf dem oberen Deck für eine vierspurige Autobahn. Die Gesamtbreite der Brücke beträgt 30 Meter, die Höhe des doppelstöckigen Aufbaus elf Meter. Die lichte Durchfahrtshöhe beträgt bei Normalwasser etwa 60 Meter.

Fliegerbombe hätte beinahe zur Katastrophe geführt!

Die 14,7 Milliarden Dänische Kronen teure Brücke teilt sich in mehrere Segmente. Die Zufahrt im Westen von Kopenhagen aus beginnt zunächst unterirdisch mit einem 3,7 Kilometer langen Tunnel unter dem Meer. Dieser war erforderlich, um den Flugverkehr des Kopenhagener Flughafens nicht zu beeinträchtigen. An der Stelle, an der sowohl die Autobahn als auch die Eisenbahn ans Tageslicht treten, wurde eigens eine künstliche Insel aufgeschüttet. Die Insel wurde Peberholm genannt, was auf Deutsch Pfefferinselchen heißt. Ein Teil ihres Erdreichs wurde dem Meeresboden beim Bau des Tunnels entnommen. Dabei wäre es beinahe zur Katastrophe gekommen: Beim Aushub mit einem riesigen Schwimmbagger wurde gerade noch rechtzeitig eine mächtige 500-Kilo-

Die längste Schrägseilbrücke der Welt vor dramatischer Gewitterkulisse – Matthias Frey

gramm-Fliegerbombe aus dem Zweiten Weltkrieg entdeckt und konnte ohne Schaden entfernt werden. Interessant beim Bau des Tunnels ist, dass dieser mit Fertigsegmenten in Form von Kästen erstellt wurde, die einzeln nacheinander mit riesigen Schwimmkränen in die Tiefe hinabgelassen wurden. Nachdem die Segmente verbunden, abgedichtet und die Öffnungen auf der Insel fertiggestellt waren, wurde das Meerwasser herausgepumpt. Von der Insel geht es über eine Rampenbrücke hinauf auf die Hochbrücke, die zwischen den Pylonen eine Feldspannweite von 490 Metern aufweist. Im Osten, hin zum schwedischen Festland, folgt mit 28 Stützpfeilern eine weitere Rampenbrücke. Bis auf wenige Ausnahmen hat sie eine Stützweite von 140 Metern.

Bald wurden Schäden festgestellt

An der Öresundbrücke wurden bereits im Jahr 2006 mehrere Risse in den Stahlbetonträgern entdeckt. Auch wurden an diversen Stahlteilen und einigen Trägerkabeln bereits Schäden durch Korrosion festgestellt. Das Unternehmen Øresundbrücke wird von einem Stab von etwa 200 Mitarbeitern betreut.

Das klappt!

Weltweit einzigartig: die Steffenbachbrücke

39

Die Geschichte der Furkabahn begann im Jahr 1910, die Bauarbeiten starteten ein Jahr später. Über den Steffenbach war ein massiver, aus Steinen gebauter Viadukt errichtet worden. Eine Lawine aber zerstörte die Brücke. Die Besonderheit der heutigen Brücke besteht darin, dass man sie in eine Winterstellung oder Sommerstellung bringen kann. Ganz einfach: Was weggeklappt ist, kann nicht vom Schnee weggerissen werden.

Eine Brücke wird von Hand zusammengeklappt

Die 36,24 Meter lange Steffenbachbrücke, deren Planung der Schweizer Ingenieur Rudolf Dick vornahm, wurde im Jahr 1925 durch die Firma Th. Bell & Cie. errichtet. Sie besteht aus drei beweglichen Brückenfeldern mit in einem Gelenk gelagerten Stützen. Die beidseitigen Brückenteile links und rechts der Klappbrücke sind etwas über elf Meter lang, der mittlere Brückenteil misst 13,29 Meter. Die Brücke

Die Brücke in der „Sommerstellung" – Bernd Hillemeyr, Verein Furka-Bergstrecke, Sektion Schwaben

Die „Ausgrabung" einer Brücke – Bernd Hillemeyr, Verein Furka-Bergstrecke, Sektion Schwaben

bietet eine zusätzliche Herausforderung: Die Strecke auf der Brücke hat eine Steigung von 110 Promille und zum Talgrund sind es 18 Meter. Der Auf- bzw. Abbau erfolgt mit Muskelkraft. Dazu werden Winden auf dem bergseitigen Gleis und am Ende des oberen Brückenteils ein Bock montiert, der die Flaschenzüge zum Absenken oder Aufholen des Brückenmittelteils trägt. Zuerst jedoch werden die beiden äußeren Brückenteile vom Schienenbett gehoben und nach vorne in ihre Endposition gezogen. Dort werden sie abgesenkt und in den Schienen arretiert. Mit Zug an den Stahlseilen hebt sich dann die Klappbrücke. Das sollte normalerweise in etwa sechs Stunden vollbracht sein. Dies war im Frühjahr 2009 aber nicht möglich, da wieder einmal eine große Lawine abgegangen war. Das Tal war etwa zehn Meter hoch mit hartem Lawinenschnee gefüllt. Nur mit Motorsägen und viel Handarbeit im unwegsamen Gelände konnte eine Schneise für die Klappbrücke gegraben werden. Die Furka-Bergstrecke ist ein Teil der alten Glacier-Express-Route. 1981 erfolgte die Stilllegung der Bergstrecke Oberwald – Realp. Die Bergstrecke wurde aber wiederhergestellt und etappenweise in Betrieb genommen. 2010 erfolgte die Vollendung der gesamten Furka-Bergstrecke und damit ihre Wiedereröffnung.

Der längste Eisenbahntunnel

Gotthard-Basistunnel – ein Meilenstein im Tunnelbau

40

Die Schweiz ist nicht nur für ihre guten Uhren, den Käse und ihre Berge bekannt. Die Schweiz ist auch ein Eisenbahnland, welches jedoch gerade wegen seiner zahlreichen Berge das eine oder andere Hindernis zu überwinden hat. So steht das Gotthard-Bergmassiv im Weg, um möglichst schnell und kostengünstig vom Norden der Schweiz in den Süden zu gelangen. Der erste durch diesen Bergstock gebaute Eisenbahntunnel mit einer Länge von 15 Kilometern wurde bereits im Jahr 1881 fertiggestellt. Um eine möglichst steigungsarme und durchgehende Nord-Süd-Verbindung zu erreichen, wurde am 29. April 2008 ein Werksvertrag unterzeichnet, der den Bau des längsten Eisenbahntunnels der Welt, den Gotthard-Basistunnel, besiegelte.

Einem tödlichen Druck ausgesetzt

Man kann sich vorstellen, welchen Gefahren die etwa 1.000 Arbeiter beim Bau des 57 Kilometer langen Basistunnel ausgesetzt waren. Nicht nur die in der Tiefe herrschenden hohen Temperaturen erschwerten die Arbeit enorm. Es war vor allem der hohe Druck, der die Arbeit in rund 900 Metern an der tiefsten Stelle so gefährlich machte. Teilweise führte dieser zu einer deutlichen Absenkung der Decke und einer Verengung der Wände. Der „Offene Hartgesteins-Gripper" – eine gigantische Bohrmaschine – hat eine Länge von 450 Metern und wiegt etwa 2.700 Tonnen. Seine unglaubliche Leistung von 3.456 kW sorgte für Vortrieb und Bewegung des 10 Meter großen Bohrkopfes. Während er sich durch das Massiv fräste, veränderte sich immer wieder die Härte des Gesteins und die Vorgehensweise zur Fortsetzung der Arbeiten musste geändert werden. Sprengarbeiten wechselten sich mit der Arbeit des Bohrkopfes ab. Die frisch erreichten Bohrtiefen mussten sofort mit Stahlverbundnetzen und schnellhärtendem Spritzbeton vor Einsturz gesichert werden. In Summe wurde die unglaubliche Masse von 28,2 Millionen Tonnen Gestein bewegt.

Können Sie sich das vorstellen?

Die Tunnelarbeiten an dem „Bauwerk der Superlative" stellten eine Besonderheit dar und sie brachten eine besondere Gefahr mit sich. Die Maschinen hätten von dem enormen Druck des Berges auf diese Länge ab-

Hier ist die Freude berechtigt: der erfolgreiche Durchschlag im Tunnel. Am 15. Oktober 2010 erfolgte er in der Oströhre und am 23. März 2011 in der Weströhre. –
© AlpTransit Gotthard AG

gedrängt werden können und damit ihr errechnetes Ziel, den Treffpunkt des anderen Tunnelvorstoßes nicht erreichen. Insgesamt wurden zwei parallele 10 Meter große Röhren durch das mächtige Bergmassiv gegraben. Eine Spitzenleistung, die beim Durchschlag sichtbar wurde: Als sich die Bohrteams im Berginneren trafen, lag die Abweichung der Bohrungen nur im Bereich von Zentimetern!

Die erste Bahnfahrt durch das inzwischen fertig gestellte Tunnel- und Stollensystem mit insgesamt 151,84 Kilometer Länge fand am 1. Juni 2016 statt. In den mit allen erdenklichen Sicherheitssystemen ausgestatteten Röhren sollen durch die moderne und stabile Bauweise schwere und vor allem viele Züge fahren können. Die Tunnel sind als Schnellfahrstrecken angelegt und immerhin für Geschwindigkeiten bis maximal 250 km/h freigegeben.

Tunnel unter dem Meer

Vom europäischen Festland nach England

41

38 Kilometer unter dem Meer, an der tiefsten Stelle fast 75 Meter unter dem Meeresspiegel. Das hört sich für den einen oder anderen von uns wie ein Horrorszenario an. In Wirklichkeit ist es einfach nur der Eurotunnel oder auch Kanaltunnel genannt. Der im Ganzen 50 Kilometer lange Eisenbahntunnel wurde an der schmalsten Stelle zwischen Frankreich und England, der Straße von Dover, angelegt. Er verbindet damit das Vereinigte Königreich bei Folkestone in der Grafschaft Kent mit Frankreich bei Coquelles in der Nähe von Calais. Man kann damit das erste Mal nach der letzten Eiszeit wieder trockenen Fußes vom europäischen Festland aus England erreichen und diese liegt immerhin mehr als 13.000 Jahre zurück.

Das siebte Weltwunder der Moderne

Tatsächlich befinden sich 38 Kilometer des Tunnels unter dem Meer mit einer durchschnittlichen Tiefe von etwa 40 Metern. In etwa 35 Minuten durchfahren jährlich fast 7,5 Millionen Reisende den von der Amerikanischen Gesellschaft der Bauingenieure zum „modernen siebten Weltwunder" erklärten Tunnel. Zwischen Frankreich und Großbritannien wurde eine Abkommenserklärung für eine eventuelle Nutzung bei einem Kriegsfall unterzeichnet. Am 15. Dezember 1987 wurden auf der englischen Seite die Arbeiten aufgenommen. In Frankreich ein knappes Jahr später. Ende 1990 erfolgte der erfolgreiche Durchstich unter dem Meer. Etwa 15.000 Arbeiter waren an dieser gefährlichen Baustelle in sieben Jahren beteiligt. Einige von ihnen verloren

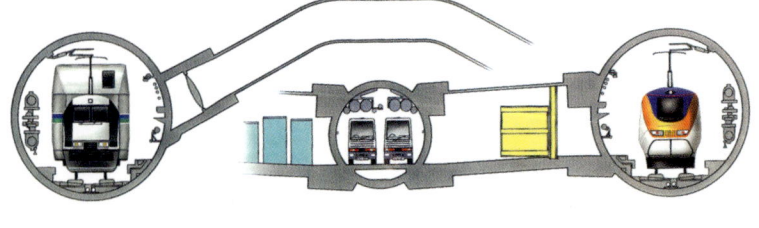

Schema der Tunnelröhren – Wikipedia, Tambo, CC-BY-SA-3.0/ GFDL

bei diesen Arbeiten ihr Leben. Mit einem Teil des ausgegrabenen Materials wurde in der Nähe von Folkestone eine künstliche Halbinsel geschaffen und damit Land gewonnen. Die Verantwortung für den Verkehr von Pendelzügen und Hochgeschwindigkeitszügen teilen sich zwei Gesellschaften. Seit 1994 ist der Tunnel für die Eisenbahn in zwei Tunnelröhren mit je einem Gleis freigegeben. Zwischen den beiden Eisenbahntunnel mit einem Durchmesser von knapp acht Metern liegt ein sogenannter Servicetunnel, in dem ein Überdruck herrscht, damit im eventuellen Brandfall kein Rauch eindringen kann. In ihm können schmale Straßenfahrzeuge verkehren und im Notfall Passagiere evakuieren. Die beiden etwa 30 Meter voneinander entfernten Haupttunnel und der Servicetunnel sind in regelmäßigen Abständen miteinander verbunden.

Große Kapazität

In jeder Tunnelröhre können bis zu zwölf Züge gleichzeitig hintereinander fahren. Die Gesamtbaukosten beliefen sich auf knapp 15 Milliarden Euro. Die für den Bau verantwortliche Gesellschaft „Eurotunnel" betreibt über einen eigenen Shuttleservice eine Fahrzeugflotte von 25 Zügen zwischen Folkstone und Calais, mit denen sie Passagiere und deren Autos, aber auch Lastkraftwagen und Busse befördert.

Die Strecke wird darüber hinaus anderen Eisenbahngesellschaften zur Verfügung gestellt. Der Eurostar etwa fährt auf Rechnung von Eurotunnel durch die Röhren. In der Zeit von 06:00 und 00:00 Uhr verkehren die Züge halbstündlich, von 00:00 bis 06:00 Uhr stündlich. Mehr als 215 Millionen Menschen wurden seit Eröffnung bereits befördert.

Tunnel mit langer Vorgeschichte

Erste Entwürfe zu unterirdischen Verbindungen zwischen Frankreich und England reichen bis in das Jahr 1753 zurück. Politische, finanzielle, in erster Linie jedoch technische Hindernisse verhinderten aber die Umsetzung. Rund 200 Jahre später führte eine Entscheidung der französischen und der englischen Regierung dazu, einen Tunnel ausschließlich für den Schienenverkehr zu bauen. Dies hat unter anderem dazu geführt, dass die strengen Quarantäne-Vorschriften Großbritanniens aufgehoben wurden. Durch den Tunnel können nun Träger der Tollwut aller Art auf die Insel gelangen, was bisher nicht der Fall war.

Der älteste Tunnel

Auch Tunnel können Probleme haben

42

Gruben- und Feldbahnen werden als die ersten schienengebundenen Fahrzeuge genannt. Für eine Feldbahn wurde der erste bekannte Tunnel der Welt gegraben. Erst im Jahr 1837 wurde mit dem Bau des Oberauer Tunnels begonnen, der als der erste Eisenbahntunnel in Deutschland Erwähnung findet.

In den folgenden Jahren wurden in Deutschland zahlreiche Tunnel für die Eisenbahnen errichtet. Erstaunlich: Die Mehrzahl aller heutigen Tunnel stammt noch aus der Anfangszeit des Eisenbahnwesens. Die damals gebauten Tunnel waren in ihrer Ausführung sehr unterschiedlich konzipiert, da sie den Bauvorschriften der jeweiligen Länder unterlagen. Die Örtlichkeiten für die damaligen Tunnel wurden in erster Linie nach der geologischen Statik, also entsprechend der Standfestigkeit des Gesteins gewählt. Als Stützen und Verschalungen wurden grundsätzlich Holz und Mauerwerk eingesetzt, ansonsten sind die Tunnel innen „roh". Die Querschnitte der Tunnel sind festgelegt und stehen im Verhältnis zu den Fahrzeugen und den von ihnen gefahrenen Geschwindigkeiten. Daher sind die Tunnelquerschnitte alter Tunnel aus der Dampflokzeit in ihrem Querschnitt etwa um die Hälfte kleiner, als dies im Zeitalter der Hochgeschwindigkeitszüge der Fall ist. Aktuell betreibt die Deutsche Bahn AG rund 700 Tunnel in Deutschland. Mit dem Bau der Neubaustrecken ab Mitte der Siebzigerjahre des letzten Jahrhunderts wurden in Deutschland wieder vermehrt Tunnel gebaut. Bereits beim Bau dieser Tunnel werden neue Erkenntnisse bezüglich der Sicherheit umgesetzt. Alte Tunnel werden in regelmäßigen Abständen auf ihre Standfestigkeit geprüft. Gerade diese Bauwerke müssen aufgerüstet werden. Es werden entsprechende Notausgänge, Rettungswege, Zufahrten, Beleuchtung und die Kennzeichnung der Fluchtwege verbessert oder erst hergestellt.

Kein Tunnel gleicht dem anderen

Tunnel werden an allen möglichen Stellen gebaut. Ob das eine Unterführung unter einem Fluss oder dem Meer ist, ein Berg durchfahren werden muss oder für die Überwindung starker Steigungen zu wenig Platz vorhanden ist. Tunnel sind immer an eine spezifische Situation, an eine topografische Lage angepasst und daher auch nie gleich. Im Tunnel herrschen eigene Bedingungen, die zunächst durch den begrenzten Raum gegeben sind. Da ist die vorhandene Luftmenge, die durch den verhältnismäßig kleinen Raum begrenzt ist. Das wird zum Problem, wenn beispielsweise Dieselabgase im Tunnel ausgestoßen werden. Die Bildung von Kohlenmonoxid stellt in Tunneln ein erhebliches Problem dar. Wird ein Tunnel nicht natürlich belüftet, können aber Kamine oder Gebläse Abhilfe schaffen. Moderne Tunnel werden daher auch in zwei voneinander getrennten Röhren gebaut, da sich diese besser selbst belüften. Ein weiteres, nennenswertes Problem kann auch durch die im Tunnel herrschenden Temperaturen auftreten. Je tiefer ein Tunnel liegt, desto wärmer kann es werden. Die erhöhte Wärme in Verbindung mit der Luftfeuchtigkeit kann zu eklatanten Leistungsabfällen bei Dieselmotoren der Lokomotiven führen.

Züge schieben ein Luftpolster vor sich her. Je schneller ein Zug fährt, desto größer ist dieses. Eine Güterzuglok mit gerader Stirnfläche fährt beim Eintritt in einen Tunnel regelrecht gegen eine „Wand".

Baureihe 185.1 kommt aus dem Tunnel Loreley auf der rechten Rheinschiene. – Deutsche Bahn AG/Jochen Schmidt

Die Bahn, Nr. 1 in Europa?

Der Wunsch, profitabler Marktführer zu sein

43

Nicht nur die Politik und die Wissenschaft arbeiten an Zukunftsentwürfen, auch die Deutsche Bahn AG beschäftigt sich mit dem, was kommen wird. Mit ihrer „Strategie DB2020" nimmt es die DB mit künftigen Herausforderungen auf – und will vor allem nachhaltig arbeiten.

Die Deutsche Bahn AG verfolgt das Ziel, das weltweit führende Mobilitäts- und Logistikunternehmen zu werden. Profitabler will sie werden und ihren Schwerpunkt auf den Kunden und die Qualität richten. Dabei will sie in puncto Umwelt eine Vorreiterrolle einnehmen und sich als Arbeitgeber besonders auszeichnen. Verschiedenste Initiativen sollen dazu beitragen, die Leistungen und die Produkte in die digitale Zukunft optimal zu übernehmen. Darüber hinaus soll ein Teil des operativen Gewinns des DB-Konzerns jährlich in soziale Projekte fließen.

Hätten Sie das gedacht?

Im Jahr 2020 hat die Deutsche Bahn AG den größten Umsatz aller Eisenbahnunternehmen in Europa mit insgesamt rund 39,9 Milliarden Euro gemacht.

Im Vergleich dazu haben die Eisenbahnunternehmen unserer Nachbarn folgende Umsätze erwirtschaftet:

Frankreich	SNCF	33,5 Milliarden Euro	(2018)
Italien	FS	10,8 Milliarden Euro	(2020)
Schweiz	SBB	8,8 Milliarden Euro	(2020)
Österreich	ÖBB	4,1 Milliarden Euro	(2020)
Niederlande	NS	6,6 Milliarden Euro	(2020)

Die Deutsche Bahn AG ist darüber hinaus die Nummer 1 in folgenden Geschäftsfeldern:

Mobilitäts- und Logistikunternehmen	Weltweit
Schienengüterverkehr	Europaweit
Schieneninfrastruktur	Europaweit
Landverkehr	Europaweit
Betrieb von Bahnhöfen	Europaweit
Schienenpersonennahverkehr	Europaweit

Konzernzentrale der Deutschen Bahn AG am Potsdamer Platz in Berlin – Deutsche Bahn AG/Volker Emersleben

Die Eigenkapitalquote der DB liegt aktuell bei 11,1 Prozent. Im Fiskaljahr 2020 hat die Deutsche Bahn AG eine Dividende von 650 Millionen Euro an den Bund gezahlt. Das Einkaufsvolumen des DB-Konzerns betrug im gleichen Jahr über 34,7 Milliarden Euro.

Die Bahn, der größte Beförderer

Deutschlandweit werden jeden Tag etwa 4,6 Millionen Fahrgäste von der Deutschen Bahn AG befördert. Daraus ergeben sich rund 1,5 Milliarden Reisende pro Jahr. Um das zu bewerkstelligen, setzt die Bahn von ihren etwa 30.000 zur Verfügung stehenden Zügen täglich über 22.300 Züge für die Beförderung ihrer Fahrgäste ein. Mehr als 315 Züge der DB gehören der ICE-Flotte an.

Die Energie der Bahn

Es geht auch mit Ökostrom!

44

Die Deutsche Bahn verbraucht enorm viel Strom. Die DB Energie ist Deutschlands fünftgrößter Stromversorger. Sie stellt den Eisenbahnverkehrsunternehmen etwa zehn Terawattstunden Energie zur Verfügung. Das sind rund zwei Prozent des bundesdeutschen Gesamtverbrauchs! Auch die Bahn sucht nach günstigeren Stromanbietern. Mehr als 90 Prozent des deutschen Schienenverkehrs werden heute elektrisch betrieben. Die meisten der neuen Elektrofahrzeuge der DB verfügen über sogenannte Drehstrommotoren, die einen Teil der Energie beim Bremsvorgang wieder in Strom umwandeln und diesen an die Oberleitungen zurückgeben.

Bis 2030 mit 80 Prozent Ökostrom

Mehr als zehn Prozent des gesamten Bahnstroms werden auf diese Weise recycelt. Der Anteil der erneuerbaren Energien ist von 2018 auf das Jahr 2020 auf rund 61 Prozent gestiegen. „Unsere Loks gewöhnen sich das Rauchen ab" war der Slogan beim Umstieg auf Diesel- und Elektrotraktion. Nun soll es mit Ökostrom weitergehen. Als Ziel gibt die DB AG an, ihren Bahnstromverbrauch bis 2030 mit 80 Prozent erneuerbarer Energien abzudecken. Dabei ist die Wasserkraft langfristig zum wichtigsten Baustein einer CO_2-freien Energieversorgung der Deutschen Bahn AG geworden. Die DB will bis 2040 klimaneutral sein. Dazu wurde das größte Ökostrompaket abgeschlossen. Es besteht aus rund 80 Gigawattstunden Sonnenenergie, ab 2023 aus 440 Gigawattstunden Wasserkraftenergie und ab 2024 aus rund 260 Gigawattstunden Windkraftenergie. Bis 2040 soll daher ganz auf Dieselantrieb verzichtet und nichtelektrifizierte Strecken mit batterie- oder wasserstoffbetriebenen Fahrzeugen befahren werden.

Im Jahr 2020 hatte der Atomstrom bei der Bahn noch einen Anteil von 12 Prozent. Da der Atomausstieg Gesetz ist, sind Alternativen gefragt. Ein Sprecher der DB Energie meinte hierzu mit Blick auf die reduzierten Atomstromlieferungen durch die Stilllegung von acht Atomkraftwerken: „Die Bahn kann die Situation im Moment noch beherrschen." Block II im AKW Neckarwestheim läuft noch bis 2022. Hier wird ein Teil des von der Bahn genutzten Stroms erzeugt und gleich in den für die Bahn erforderlichen Wechselstrom von 16,7 Hertz und 15 kV umgewandelt. Bisher hat die Bahn allein in Neckarwestheim 110 Tonnen Atommüll verursacht.

Windräder im Windpark Märkisch-Linden – Deutsche Bahn AG/Michael Neuhaus

Konzernzentrale der Deutschen Bahn AG – Deutsche Bahn AG/Volker Emersleben

Zahlen, die aufmerken lassen

Deutschlands Bahnhöfe mal anders

45

Rund 5.700 Bahnhöfe betreibt die Deutsche Bahn AG derzeit in Deutschland. Alle Bahnsteige der DB erreichen zusammengerechnet eine Länge von etwa 2.300 Kilometern. Etwa drei Milliarden Menschen nutzen diese Bahnhöfe pro Jahr, um anzukommen, abzureisen oder jemanden zu treffen. Rein mathematisch ist damit fast die Hälfte der Gesamtbevölkerung der Erde pro Jahr auf einem deutschen Bahnhof anzutreffen.

Die Deutsche Bahn AG hat 2020 in Deutschland 620 Bahnhöfe modernisiert. 79 Prozent aller Bahnhöfe sind bereits barrierefrei erreichbar und rund 420.000-mal pro Tag hält ein Zug an einem Bahnsteig der DB in Deutschland Damit hat die DB Services deutschlandweit rund 24 Millionen Quadratmeter Fläche in Bahnhöfen und an Haltepunkten sauber zu halten. Umgerechnet sind das etwa 3.500 Fußballfelder.

Nebenbahnen, Bahnstrecken und Bahnhöfe verfallen

Neben zahlreichen positiven Berichten und Zahlen gibt es auch Negatives. So sind barrierefreie Bahnsteige nicht immer wirklich barrierefrei. Manche Mutter muss mit ihrem Kinderwagen erst nach einer Rolltreppe oder einem Lift suchen. Einige Bahnsteige sind zu niedrig angeordnet oder gar zu kurz. Personal wurde durch Automaten ersetzt, für deren Bedienung manch einer die Hilfe von Mitreisenden benötigt. Und doch: rund 79 Prozent der Bahnsteige sind bereits ohne Stufen erreichbar.

Die Deutsche Bundesbahn fing bereits damit an, mit der Deutschen Bahn AG geht es zu Ende: Viele Nebenbahnen wurden oder werden von der Bahn stillgelegt, weil sie nicht rentabel sind. Bahnhöfe, die Visitenkarte einer Stadt, verkommen und verfallen.

Eine Stadt ohne Bahnhof ist arm!

Abgestellte Wagen der DB stehen schon so lange auf den Abstellgleisen, dass sie nicht mehr bewegt werden können, weil zwischen ihren Puffern bereits meterhohe Bäume wachsen. Manche Gemeinden sind schlau und erwerben diese Bahnhöfe von der DB, sanieren den Bau und bringen dort Restaurants oder urige Kneipen unter. Eine Stadt, und sei sie noch so klein, ist ohne Bahnhof – auch wenn er nicht mehr in Betrieb ist – ein Stück ärmer geworden.

Hof/Saale Hauptbahnhof und Grenzbahnhof in der nördlichsten Stadt Bayerns als das „Tor zu Sachsen" – Stefan Friesenegger

Der Hbf Frankfurt am Main im Jahr 1929. Als Kopfbahnhof besitzt er ein monumentales Empfangsgebäude. – Deutsche Bahn AG/DB Museum

Superlative Bahnhof

Größer, höher, weiter

46

Nach welchen Gesichtspunkten soll die Suche nach dem größten Bahnhof Deutschlands durchgeführt werden? Nach der Anzahl der Gleise, dem größten Fahrgastaufkommen, der größten Flächenausdehnung des Bahnhofs, nach dem größten Bahnhofsgebäude oder etwa nach der Länge seiner Gleisanlagen?

Definitionen der Bahn

In der Betriebsordnung der Eisenbahn ist eindeutig geregelt, was ein Bahnhof ist. Gemäß den Bezeichnungen bietet in den betrieblichen Anlagen der Bahn ein Haltepunkt die Möglichkeit des Ein- oder Ausstiegs. Bei einem Haltepunkt können sich Züge nicht kreuzen oder überholen, wie das bei einem Bahnhof der Fall ist. Der Haltepunkt befindet sich an einer freien Strecke. Bei einem Bahnhof können sich Züge kreuzen und/oder überholen. Der Bahnhof hat mindestens eine Weiche, aber er muss nicht

Blick von der Hackerbrücke auf den Hbf München – Deutsche Bahn AG/Uwe Miethe

zwingend ein Gebäude haben. Er ist Teil einer Bahnanlage. Die Größe hingegen ist nicht definiert und damit nicht von Belang. Als Hauptbahnhof wird hingegen nur ein Bahnhof bezeichnet, wenn an einem Ort mehrere Bahnhöfe vorhanden sind und ihm eine sogenannte größere verkehrliche Bedeutung zugemessen werden kann. Er muss aber selbst dann noch nicht zwangsläufig als Hauptbahnhof bezeichnet werden. Eine Stadt mit mehreren Bahnhöfen muss auch nicht unbedingt einen Hauptbahnhof haben. Ein Hauptbahnhof liegt in aller Regel, aber nicht zwingend, im Zentrum einer Stadt. Er stellt aber zumindest dann den wichtigsten Bahnhof dar. Von den rund 5.700 Bahnhöfen in Deutschland sind derzeit 125 als Hauptbahnhöfe deklariert.

Jetzt wird gemessen

Um den wirklich größten Bahnhof zu ermitteln, müssen die Fakten auf den Tisch. Der Münchner Hauptbahnhof ist der größte, wenn man seine Gleise zählt. In Summe kommt man dabei auf 32 Gleise. Im Münchner Hauptbahnhof sind als Flügelbahnhöfe der Starnberger Bahnhof und der Holzkirchner Bahnhof inkludiert. Im Untergrund befinden sich nochmals acht Gleise, die aber zur S- und U-Bahn gehören. Er gehört auch zu den meistfrequentierten Fernbahnhöfen Deutschlands. Etwa 450.000 Reisende sind es täglich. Damit teilen sich die Hauptbahnhöfe der Städte Hamburg, Frankfurt am Main und München den Rang, wenn es um die Anzahl der Reisenden geht. Der Hauptbahnhof in Frankfurt am Main ist darüber hinaus für die Deutsche Bahn AG die wichtigste Drehscheibe für den Personen-Schienenverkehr in Deutschland. In der Betrachtung der Flächenausdehnung ist der Hauptbahnhof von Leipzig der größte in Deutschland und als Kopfbahnhof sogar der größte Europas. Seine Fläche misst knapp 85.000 Quadratmeter. Der größte neu gebaute Hauptbahnhof steht in Berlin.

Alles Bahnhof?

Mancherorts werden Bahnhöfe von den Bewohnern als Hauptbahnhof bezeichnet, obwohl es sich um gar keinen Hauptbahnhof im Sinne der Bahn handelt. Andere Städte bezeichnen ihren Bahnhof als Hauptbahnhof, obwohl es in dieser Stadt keinen zweiten Bahnhof gibt. In Hof/Saale ist dies der Fall. Durch Streckenstilllegungen betreibt Mönchengladbach gleich zwei Hauptbahnhöfe.

Uhren und die Zeit der Bahn

Wie genau gehen die Uhren der Bahn?

47

Es gibt viele Gründe, auf eine Uhr zu sehen. Manchmal, weil der Zug schon wieder Verspätung hat. Eine Uhr zu stellen, ist an sich simpel. Bei der Bahn sind es jedes Mal etwa 120.000 Uhren. Wenn die Sommer- oder Winterzeit kommt, hat die Bahn einiges vor, denn das Umstellen der Uhren sollte gleichzeitig erfolgen.

Bei der Sommerzeit ist das etwas einfacher, denn nach 1:59 Uhr folgt 3 Uhr. Ist ein Zug zu dieser Zeit unterwegs, fehlt ihm eine Stunde. Züge mit Kurzfahrten, wie etwa S-Bahnen fallen einfach aus, da es diese Stunde ja nicht gibt. Die Umstellung der Uhren bei der Bahn nimmt etwa eine Stunde in Anspruch. An Bahnhöfen mit mehreren Uhren steuert eine Zentraluhr alle anderen. Da alle diese Uhren über die Atomuhr der PTB, der Physikalisch-Technischen-Bundesanstalt in Braunschweig, mit ihrem Sender in Mainflingen versorgt werden, ist eine Umstellung heute verhältnismäßig einfach. Die Sekundenzeiger der heutigen Uhren werden über einen Synchronmotor angetrieben und erhalten auf der zwölf einen Impuls zu warten, bis die Zeit stimmt, um dann weiterzulaufen. Im Gegensatz zu heute war die optische Gestaltung der Bahnhofsuhren früher nicht geregelt.

Haben Sie das gewusst?

Mit der Ausdehnung des Eisenbahnnetzes musste man feststellen, dass an jedem Ort eine andere Sonnenzeit angezeigt wurde. Dies führte unter anderem zu zahlreichen Unfällen, zumal die meisten Bahnstrecken eingleisig waren. Die Frage blieb offen, nach welcher Uhr man sich richten sollte. Die Eisenbahngesellschaften hatten die einzig richtig gehende Uhr. Da sich diese aber unter Umständen in einem anderen Zeitbereich der Erde befand, war das Problem noch immer nicht gelöst. Auch mit der Empfehlung, die Zählung von Stunden in der Form von eins bis 24 vorzunehmen, wurde die Frage nach der geografischen Lage noch nicht gelöst.

Erst die Einteilung in 24 Zeitzonen von je 15 Grad geografischer Länge mit einer Stunde Unterscheidung führte zu einer weltweiten Zeitordnung. Als Ausgangspunkt wurde dafür der Nullmeridian, der durch die Sternwarte von Greenwich (London) verläuft, festgelegt. In Deutschland wurde die MEZ im Jahr 1893 eingeführt.

Dresden Hbf, die Hallenkon-
struktion mit Bahnhofsuhr –
Deutsche Bahn AG/Christian
Bedeschinski

Der einheitliche Nullmeridian,
Royal Observatory Greenwich,
London – Stefan Friesenegger

Superlativ: Das Netz der Bahn

Ein Vergleich seit 1850 bis heute in Zahlen

48

Ein Vergleich der Entwicklung des Eisenbahnnetzes in Deutschland macht deutlich, welche Dynamik die Eisenbahn mit sich brachte. Was 1835 mit einer nur 6,05 Kilometer langen Strecke begann, entwickelte sich in kurzer Zeit exorbitant. Bereits im Jahr 1850 existierten auf dem Gebiet des Deutschen Reiches etwa 4.800 Kilometer Schienennetz. Nur zehn Jahre später, 1860, hatte sich die Ausdehnung des Schienennetzes mit 10.900 Kilometern mehr als verdoppelt. Im Jahr 1870 hatte sich das deutsche Schienennetz bereits auf 18.300 Kilometer ausgedehnt! Gemäß der Statistik des Reichs-Eisenbahn-Amts in Berlin aus dem Jahr 1887 zu den im Betrieb befindlichen Eisenbahnen Deutschlands wurde die Betriebslänge, also die Länge der tatsächlich be-

Das Bahnnetz 1885 – Stefan Friesenegger/Deutsche Bahn Museum Nürnberg/Bibliothek

Das Bahnnetz 1914 – Stefan Friesenegger/Deutsche Bahn Museum Nürnberg/Bibliothek

triebenen Bahn, am Ende des Betriebsjahres gemeinschaftlich für Personen- und Güterverkehr mit 36.860,54 Kilometern ausgewiesen.

Im Jahr 1914 hatte sich die Betriebslänge am Ende des Betriebsjahres gemeinschaftlich für Personen- und Güterverkehr bereits auf 59.837,62 Kilometern ausgedehnt. Darin enthalten waren die Vereinigte Preußische und Hessische Staatseisenbahnen, die Bayerische Staatseisenbahnen, die Sächsische Staatseisenbahnen, die Württembergische Staatseisenbahnen, die Badische Staatseisenbahnen, die Großh. Meckl. Friedrich-Franz-Eisenbahn, die Oldenburgische Staatseisenbahnen, die Reichsbahnen in Elsass-Lothringen und die Militäreisenbahn. Der Statistik der Eisenbahnen im Deutschen Reich, also dem Reichs-Eisenbahn-Amt, im Auftrag des Reichsverkehrsministeriums in Berlin zufolge war im Jahr 1935 eine Gesamtbetriebslänge von 54.240,55 Kilometern ausgewiesen worden.

Im Jahr 2020 ist das gesamte deutsche Streckennetz auf einem kleineren Gebiet als 1935 noch knapp 33.399 Kilometer lang. Es ist damit noch immer das größte Netz Europas, auf dem täglich 40.000 Züge fahren. In Summe bedeutet dies etwa eine Milliarde Kilometer pro Jahr. Die richtige Rich-

Das Bahnnetz 1935 – Stefan Friesenegger/Deutsche Bahn Museum Nürnberg/Bibliothek

tung erhalten die Züge von etwa 66.000 Weichen, von denen über 48.800 beheizt sind. Das deutsche Streckennetz führt über knapp 25.700 Brücken und durch rund 745 Tunnel. Etwa 460 Eisenbahnverkehrsunternehmen sind auf dem Schienennetz der Deutschen Bahn AG unterwegs. Für die Erhaltung des Schienennetzes recycelt die Deutsche Bahn AG jährlich rund 350.000 Tonnen Betonschwellen und rund vier Millionen Tonnen Altschotter.

Hätten Sie das gedacht?

Die längste Güterzugverbindung der Welt von Madrid nach Yiwu in China ist über 13.000 Kilometer lang und doppelt so schnell wie eine Schiffsverbindung auf dem Ozean. Mit der DB Cargo werden täglich etwa 2.600 Güterzüge bewegt und damit etwa 213 Millionen Tonnen Güter im Jahr auf der Schiene durch Europa transportiert. Der längste Zug in Deutschland ist 821 Meter lang und damit so lang wie die Reeperbahn. Er ist auf der Strecke Hamburg/Maschen bis Padborg in Dänemark anzutreffen.

Das Grün in den Gleisen

49

Die Unkrautbekämpfung der Bahn

Unkraut verstopft mit der Zeit das Schienenbett. Regenwasser kann nicht mehr im erforderlichen Maße abfließen, was schlimmstenfalls zu Frostaufbrüchen führen kann.

Umweltschützer haben die Vegetationskontrolle schon lange kritisiert. Grundsätzlich ist heute der Einsatz von Herbiziden in Deutschland verboten. Er ist nur noch in Sonderfällen gestattet. Hierbei bedarf es aber der Zustimmung der jeweiligen Landesbehörden. Diese können eine Sondergenehmigung nach eingehender Prüfung erteilen. Die daraus entstehenden Kosten beziehen sich auf die Fläche der Gleiskilometer, womit klar hervorgeht, welche immensen Beträge die Bahn treffen. Damit erklärt sich auch, weshalb die DB nur ihre wichtigsten Schienenverbindungen und vor allem die Hochgeschwindigkeitsstrecken vom Grün befreit und die Nebenstrecken belässt. Die Vegetationskontrolle der Bahn wurde bereits vor Jahren an Privatunternehmen ausgelagert.

Pflanzen können die Sicherheit des Zugverkehrs gefährden – Deutsche Bahn AG/ Martin Busbach

Orkan und Flut

Wer zahlt, wenn die Natur zuschlägt?

50

Die Nachrichten über Naturkatastrophen häufen sich seit einiger Zeit. Was früher ein heftiger Herbststurm war, wirkt heutzutage im Vergleich zu einem Sturmtief nur noch als laues Lüftchen. Große Schäden richten diese Unwetter an. Ein Beispiel ist Niklas, der als Orkan eingestuft war. Er zog im Frühjahr 2015 über Europa mit Windgeschwindigkeiten von knapp 200 km/h hinweg. Schwere Schäden an den betrieblichen Einrichtungen der Bahn wie Überflutungen, Unterspülungen von Gleisanlagen, Beschädigungen am rollenden Material und umgeknickte Masten bzw. herabgerissene Oberleitungen durch Windbrüche sind die Folgen.Laut Munich RE war die Hochwasserkatastrophe im Juli 2021 die kostspieligste Naturkatastrophe aller Zeiten in Deutschland. Doch was tun, wenn Verspätungen, Umleitungen und Ausfälle im Regional- und Fernverkehr bei solchen Ereignissen eintreten?

Das EU-Recht und die Bahn

Die Deutsche Bahn AG ist versichert. Dazu ist sie auch verpflichtet, um ihre gesetzlichen Haftungsrisiken abzudecken. Aber wie wirkt sich das auf die Fahrgäste aus? Bahnreisende haben grundsätzlich ein Anrecht auf Weiterbeförderung, gegebenenfalls mit geänderter Streckenführung. Im Jahr 2021 ist auch in Deutschland die EU-Verordnung für Bahnreisende angepasst worden, die ab 2023 in Kraft treten wird. Davon sind alle Bahnen in Deutschland betroffen, wie S- und U-Bahnen, Straßenbahnen, Privatbahnen, Busse und die Deutsche Bahn AG selbst. Der Europäische Gerichtshof hat entschieden, dass Bahnreisende bei Eintreten einer sogenannten höheren Gewalt, wie große Naturkatastrophen, extreme Wetterbedingungen oder schwere Gesundheitskrisen und Terroranschläge, keine Entschädigungen für Verspätungen oder Ausfälle erhalten, wenn die Bahn die dafür relevanten Umstände nicht zu verantworten hat. Darunter fallen jedoch keine Streiks des Bahnpersonals!

Der „Regel-Wald"

Muss der Reisende davon ausgehen, dass sich seine Ankunft im Zielbahnhof um mehr als 60 Minuten verspätet, kann er eine Erstattung in Höhe von 25 Prozent auf seinen Fahrpreises fordern. Ab 120 Minuten be-

Auch die Bahn muss übers Wetter reden. – Deutsche Bahn AG/Michael Neuhaus

trägt die Entschädigung 50 Prozent. Hat er die Reise bereits angetreten, kann er im Falle einer Verspätung von mehr als 60 Minuten zum Startbahnhof zurückkehren und sich den kompletten Fahrpreis erstatten lassen. Beim Abbruch einer Reise mit mehr als einer Stunde Verspätung kann er die Reise stornieren und sich die Kosten für die noch nicht zurückgelegte Strecke erstatten lassen. Andernfalls kann der Fahrgast in diesem Fall auch eine andere Fahrtroute wählen. Sondertickets wie etwa die Ländertickes sind ausgenommen. Bei einer Buchung der Hin- und Rückfahrt bezieht sich eine Erstattung nur auf den einfachen Fahrpreis. Für die Zeitfahrkarten gelten unterschiedliche Pauschalen, jedoch nur bis maximal 25 Prozent des Zeitkartenwertes. Bei einem verpassten Anschlusszug in einer Reisekette können Fahrgäste ersatzweise andere Verkehrsmittel wie Bus oder Taxi nutzen. Die Kosten für deren Nutzung sind auf maximal 80 Euro begrenzt, sie dürfen jedoch den Wert der Fahrkarte nicht überschreiten.

Die Adern der Bahn

Auf rund 33.400 Kilometern durch Deutschland

51

Schienen sind die Basis jeder Bewegung der Eisenbahn. Die Schienen und Weichen in Deutschland haben aktuell eine Gesamtlänge von nahezu 33.400 Kilometern, ihre Richtung erhalten die Züge durch rund 66.000 Weichen. Die ersten Schienen wurden aus Schmiedeeisen gefertigt und hatten eine sehr begrenzte Lebensdauer. Im Jahr 1856 erfand Henry Bessemer die sogenannte Schnellstahlproduktion. Mit dieser Erfindung wurde der Schienenbau revolutioniert.

Zwischen Wirtschaftlichkeit und Sicherheit

Die von den Menschen wahrgenommene und auch geforderte Beschleunigung aller Dinge hat natürlich Einfluss auf die Bahn. Heutige Schnellfahrstrecken sind grundsätzlich für Geschwindigkeiten zwischen 220 und 250 km/h ausgelegt. Damit wird klar, welchen Belastungen der gesamte Bahnkörper ausgesetzt ist. Noch bis Mitte der 1980er-Jahre vertrat man die Ansicht, dass der herkömmliche Schotteroberbau für eine Gleisan-

Weichen und Gleisverbindungen im Nürnberger Rangierbahnhof – Deutsche Bahn AG/Uwe Miethe

Querschnitt einer Schienenbefestigung – Stefan Friesenegger/Exponat Deutsche Bahn Museum Nürnberg

lage das Nonplusultra ist. Ist das noch so? Es sind vor allem die Gesichtspunkte der Sicherheit mit der Wirtschaftlichkeit abzuwägen.

Deutliche Veränderung im Gleisbau

Durch die Veränderung im Zugverhalten, also durch die Zunahme der Geschwindigkeiten, die Häufigkeit der Radsatzüberrollung und die Steigerung der Radsatzlasten müssen Gleisbett, Schwellen, Schienenprofil, aber auch die Schienenbefestigung und der Gleisabstand völlig neu überdacht werden. Für Geschwindigkeiten von bis zu 300 km/h setzt sich der vorgespannte Betonplattenoberbau mit einem erhöhten Kippschutz durch und wird zur Regelbauweise.

Betongleise, die Zukunft im Gleisbau?

Der neue Gleisoberbau gilt als wartungsarm. Er hat eine deutlich höhere Lebensdauer und er ist stabiler. Vor allem aber hat sich dadurch der Fahrkomfort deutlich verbessert. Aber auch die Weichen müssen dem Wettlauf der Beanspruchungen und den Geschwindigkeiten standhalten. Auch hier steht die Verschleißminderung im Fokus. Zum Einsatz für einen sinnvollen Betriebsablauf kommen Weichen, die eine Befahrbarkeit in der Geraden von bis zu 300 km/h und in der Abweichung 200 km/h zulassen.

Rumpeln von unten

Der Stoß in den Schienen

52

Im Gleisbau werden die an den Schienenenden aneinanderstoßenden Schienen als Schienenstoß oder einfach nur als Stoß bezeichnet. Um Schienenstränge zu fertigen, vor allem aber transportieren zu können, ergibt sich eine Optimallänge, die in bestimmten Fällen durchaus 120 Meter erreichen kann. Das Optimum an einem Bahnkörper ist dann erreicht, wenn die einzelnen Schienenteile nahtlos miteinander verbunden sind. Bis weit in die Sechzigerjahre kamen Schraubverbindungen, sogenannte Laschenverbindungen, zum Einsatz. Diese werden auch heute noch verwendet, wenn beispielsweise starke Temperaturunterschiede oder sehr enge Kurven verschweißte Gleise nicht zulassen. Auf Nebenstrecken oder im Rangierbereich sind verschraubte Schienen nach wie vor anzutreffen. Negativ auf den Fahrbetrieb im Personenverkehr wirken sich das stoßtypische Geräusch, aber auch die durch Gleissenkungen verursachten Unebenheiten aus.

Durch Schweißen wird die Verlegezeit verkürzt

Um den Komfort beim Reisen zu erhöhen, aber auch die Tragfähigkeit und vor allem die Fahrgeschwindigkeit zu verbessern, werden heute Schienen im Schweißverfahren miteinander verbunden. Als häufigstes Fügeverfahren kommt dabei das Abbrennstumpf-Schweißverfahren zum Einsatz. Dadurch wird auch die Verlegezeit von Schienen deutlich verringert und die durch die gestiegenen Anforderungen erforderliche Haltbarkeit erhöht. Längenausdehnungen und -verkürzungen durch Temperaturunterschiede werden vom Schienenbett aufgefangen und hier ausgeglichen.

Kurios: Eine Stoßbreite von etwa 45 Zentimeter!

In einem Rangierbereich in San Francisco wurde vom Autoren 1986 eine gemessene „Stoßbreite" von sage und schreibe 45 Zentimetern festgestellt. Als auch noch ein Rangierzug in Schrittgeschwindigkeit anrollte, brachte sich der Autor in Sicherheit und verfolgte aus ein paar Meter Entfernung das Schauspiel. Die Räder der Wagen nebst der Diesellokomotive rollten von dem einen Schienenende in das bereits tief eingekerbte Betonbett und fuhren mit jeweils einem lauten Knall auf das andere, inzwischen bereits völlig abgeplattete Schienenende wieder auf. Verwunderlich: Der Zug entgleiste nicht!

Laschenverbindung mit sichtbarem Abstand – Stefan Friesenegger

Geschweißte Schienenverbindung – Stefan Friesenegger

Altes Eisen

Wer hat die älteste Schiene im ganzen Land?

53

Erstaunlich häufig können noch alte Schienenstränge wie etwa auf der Strecke Nördlingen – Feuchtwangen angetroffen werden. Das abgebildete Schienenstück, gefertigt von der Maxhütte in Haidhof, stammt ausweislich seines Walzzeichens aus dem Jahr 1907. Der Rost hat in Form von Lochfraß allerdings schon beachtliche Spuren hinterlassen.

Aber nicht nur auf dieser Gleisstrecke können Schienen mit Jahreszahlen aus den Jahren 1892 bis 1952 festgestellt werden. Auf der gut befahrenen Münchner S-Bahn-Strecke nach Wolfratshausen liegen an einem Teilstück noch Schienen aus dem Jahr 1936.

Vom Material und den Stempeln

Neben den Herstellerangaben und Jahreszahlen werden bei der Herstellung der Schienen im Walzverfahren auch Informationen zu Profilbezeichnung und Stahlgüte auf einer Seite der Schienen hinterlas-

Alter Schienenstrang Dinkelsbühl – Feuchtwangen – Stefan Friesenegger

sen. Je nach Durchmesser der Walzen wiederholen sich diese Marken alle drei bis fünf Meter. Auch Prägezeichen werden eingesetzt. Sie werden beim Walzen der Schienen mit Stempeln eingeschlagen und sind daher in das Strangmaterial eingedrückt, die Walzmarken hingegen stehen hervor. In der Stahlgüte unterscheiden sich die Schienen vor allem hinsichtlich der unterschiedlichen Mindestzugfestigkeiten und dem Härtebereich. Verwendet werden unterschiedliche Kohlenstoff-Mangan-Stähle (C-Mn) sowie wärmebehandelte, niedrig legierte Kohlenstoff-Mangan-Stähle und legierte Stähle mit einem sehr geringen Anteil von Chrom (Cr). Nicht nur der Stahl ist ausschlaggebend für die Haltbarkeit einer Schiene, auch ihre Form trägt dazu bei, ob sie zum Wegkippen neigt, sich schneller in die Holzschwellen eindrückt und wie sie sich an den Stößen verschweißen lässt. In Deutschland hat sich die sogenannte Breitfußschiene durchgesetzt.

Der Halt der Schienen

Schwellen sind ein weiterer Teil des Gleisoberbaus. Sie sind quer zu den Schienen verlegt. Die Schienen liegen mit ihrem Fuß auf ihnen und sind dort mittels Nägeln, Schrauben, Spannklemmen oder Laschen befestigt. Für die Schienenkilometer der Deutschen Bahn AG sind etwa 50 Millionen Schwellen verlegt. Sie haben die Aufgabe, die Schienen zu halten – und damit die Spurweite. Die Haltbarkeit des Schwellenmaterials ist sehr unterschiedlich. Es ist vor allem der Last der Züge und der Witterung ausgesetzt. Für die Herstellung von Schwellen sind Holz, Stahl, Spannbeton und seit einiger Zeit Kunststoff bekannt. Die Liegedauer der Holzschwellen liegt bei gut 30 Jahren, die von Stahlschwellen bei etwa 80 Jahren und mehr. Die Haltbarkeit von Kunststoff ist deutlich höher. Holzschwellen haben gute dämmende Eigenschaften, geben aber durch ihre Imprägnierung umwelt- und gesundheitsgefährdende Stoffe ab. Stahlschwellen bieten eine gute Stabilität und halten lang, besitzen aber eine nur mangelhafte Isolierfähigkeit und lassen sich nicht mit modernen Umbauzügen verlegen. Betonschwellen weisen nur geringe schwingungs- und schalldämpfende Eigenschaften auf.

Übrigens: Auch Schwellen können auf dem Bahnkörper auf ihr Alter bestimmt werden. Holzschwellen werden mit Markierungsnägeln bezeichnet. Stahlschwellen haben Schweißmarken, bei Beton- und Kunststoffschwellen werden diese Informationen bei der Herstellung im Gießverfahren angebracht.

Das Spurweitenproblem

Keine Regel ohne Ausnahme

54

Weltweit ist im Schienenverkehr mit der Spurweite der Abstand zwischen den Innenkanten der Schienen geregelt. Bei der Normalspur oder auch Regelspur beträgt dieser Abstand 1.435 Millimeter. In den USA, Kanada, Großbritannien, China, dem Nahen Osten, weiten Teilen Australiens und den meisten Ländern der Europäischen Union ist er Regelfall.

Schienenfahrzeuge sind mit ihren Laufwerken auf die jeweilige Spurweite ausgelegt und müssen umgespurt werden, um beim Übertritt in eine andere Spurweite weiterfahren zu können.

Warum gibt es unterschiedliche Spurweiten?

Die Spurweite ist in Deutschland in der Betriebsordnung des Eisenbahn-Bundesamtes festgelegt. Darin sind auch Toleranzen für Abweichungen vorgeschrieben. Weltweit gibt es unzählige Spurweiten. Die Gründe hierfür haben einen unterschiedlichen Ursprung. Wirtschaftliche Gründe waren meist entscheidend für den Bau einer schmalspurigen Eisenbahnstrecke. Beim Bau musste erheblich weniger Material für die Schwellen verarbeitet werden. Häufig wollte man mit unterschiedlichen Spurweiten auch verhindern, dass die eigenen Schienenwege von der Konkurrenz kostenfrei mitbenutzt wurden. Auch im militärischen Sinne, also bei einer möglichen Kriegsgefahr, spielten die Überlegungen zur Spurweite eine Rolle. Nicht nur die Sprengung einer Brücke, auch eine andere Spurweite sollte verhindern, dass der Feind seine Fahrt fortsetzen kann.

Etwa 75 Prozent aller Länder der Erde benutzen die Normalspur von 1.435 Millimetern. In den restlichen Ländern werden ganz unterschiedliche Schmalspur-, aber auch Breitspurbahnen eingesetzt. Die größte Spurweite lässt sich in Argentinien, Chile, Pakistan, Indien oder Sri Lanka finden. Mit dem Maß von 1.676 Millimetern Breite wird sie häufig als Indische Breitspur bezeichnet. Als Schmalspur ist die Spurbreite von 1.000 Millimetern sehr weit verbreitet. Sie wird in einigen Ländern sogar als Regelspur eingesetzt wie etwa bei der Rhätischen Bahn in der Schweiz.

Die kleinste Schmalspur, die tatsächlich für den Personenverkehr verwendet wird, existiert in der Grafschaft Kent in England. Dort fahren seit dem Jahr 1927 Nachbauten berühmter Dampflokomotiven im

Messung von Rillenweite, Spurweite und Überweitung an einer Weiche – Deutsche Bahn AG/Annette Koch

Maßstab 1:3 auf 381-Millimeter-Schmalspur. Es handelt sich hier um die kleinste öffentliche Eisenbahn der Welt!

Machen Sie einen Spurwechsel!

Um Strecken mit unterschiedlichen Spurweiten befahren zu können, gibt es viele Möglichkeiten. Umsteigen in Wagen der anderen Spur ist sicher eine. Zur Umspurung können aber auch Radsätze oder ganze Drehgestelle der Wagen ausgetauscht werden. Letzteres wird für den Übergang auf die russische Spurweite verwendet. Hier werden die einzelnen Wagen mit einem Kran angehoben und die Drehgestelle ausgetauscht. Dieses Verfahren kann man bei Lokomotiven freilich nicht anwenden, bei Wechsel der Spurweiten ist ein Lokwechsel umumgänglich. Die eleganteste Technik der Umspurung wird in Spanien angewendet. Auf den Umspurungsanlagen des Talgo verschieben sich zum Spurwechsel die Räder mitsamt ihren Lagern auf den Achsen. Eine kaum noch eingesetzte Variante ist das Verladen auf spezielle Flachwagen der anderen Spur. Dazu werden die Fahrzeuge in speziellen Anlagen auf Rollwagen geschoben und verankert.

Drehscheibe Eisenbahn

Warum verschwinden Drehscheiben aus dem Alltag der Eisenbahn?

55

Drehscheiben und damit verbunden die sogenannten Ringschuppen nehmen heute bei der Eisenbahn nur noch eine museale Rolle ein. Bei einigen Privatbahnen haben sie sich noch gehalten und auf so manchem Bahngelände stehen sie als verfallene, traurige Zeugen vergangener Tage herum. Warum aber werden diese Drehscheiben heute nicht mehr gebraucht? Benötigen Lokomotiven heute keine schützende Garage mehr?

Mit einer Drehscheibe können Schienenfahrzeuge auf engem Raum horizontal gedreht und somit einem anderen Gleis, einem weiteren Lokstand oder einfach nur der anderen Fahrtrichtung zugeführt werden. Letzteres ist vor allem bei Dampflokomotiven mit Schlepptender erforderlich, da deren Höchstgeschwindigkeit in aller Regel nur in Verbindung mit der Vorwärtsfahrt erreicht werden kann. Diese Drehbühnen sind in unterschiedlichster Form anzutreffen. Unter den Bezeichnungen Brückendrehscheiben, Segmentdrehscheiben, Kreuzdrehscheiben usw. wurden sie in den unterschiedlichsten Durchmessern gebaut. Mit der Zunahme der Länge der Lokomotiven wurden auch die Drehscheiben größer. Zuletzt waren in Deutschland die Einheitsdrehscheiben in einer Größe von 26 Metern ausgelegt. Die Lagerung der Brücke erfolgt in ihrem Zentrum über dem sogenannten Königsstuhl und am Rand über Laufräder auf einem Spurkranz.

Es wird auch noch von Hand gedreht

Durchgesetzt hat sich der Antrieb mittels Elektromotor. Bei kleinen und leichten Bahnen wurde von Hand gedreht. Dies geschah meist bei Bergbahnen. Beispielsweise ist dies auch in San Francisco bei den berühmten Cable Cars noch immer der Fall. Heute kommen in der Regel nur noch Schiebebühnen zum Einsatz. Ein Drehen der Lokomotiven ist in aller Regel auch nicht mehr notwendig, da diese meist als Zweirichtungslokomotiven ausgelegt sind. In Ländern, in denen vornehmlich Lokomotiven mit einem Führerstand eingesetzt werden, wie etwa Neuseeland, Australien oder den USA werden noch Drehscheiben benötigt und sogar noch immer gebaut. Die Lokremisen bzw. die Lokschuppen werden heute im Prinzip nur noch als Rechteckschuppen, meist mit Grubenanlagen für Instandhaltungsarbeiten, errichtet.

Ein paar gibt es noch: ein Schatz des DB Museums in Halle/Saale, die Dampflokomotive 03 1010. – Deutsche Bahn AG/DB Museum/Mike Beims

Stelldichein von Dampflokstars: Ganz rechts die 58 3047, die 1920 bei Linke-Hofmann gebaut wurde und nach 1945 bei der DR Dienst tat. – Deutsche Bahn AG/Volker Emersleben

Heißgeschliffen

Der Stromabnehmer der Bahn

56

Als Stromabnehmer wird bei einer elektrischen Lokomotive die mechanische Vorrichtung bezeichnet, mit der elektrische Energie von der Fahrleitung in die Lokomotive geleitet wird. Seit der Entstehung des Stromabnehmers Ende des 19. Jahrhunderts hat sich jedoch einiges verändert. Durch die Zunahme der Geschwindigkeiten der Züge und die Steigerung der Effizienz durch Gewichtseinsparungen bzw. Faltbarkeit der Bügel und Verbesserung des Fahrdrahtkontaktes haben die Stromabnehmer ihr Aussehen immer wieder verändert. Sogenannte Bügelscheren-Stromabnehmer haben sich lange gehalten, wurden aber in erster Linie aufgrund ihrer Zuverlässigkeit von Einholm-Stromabnehmern abgelöst.

Während der gesamten Fahrt stehen die Schleifleisten in Kontakt mit dem Fahrdraht. Damit dieser sich im Verlauf einer langen Fahrtstrecke nicht in die Schleifleisten einarbeitet, wird der Fahrdraht in einer Zickzack-

Ein moderner Einholm-Stromabnehmer – Stefan Friesenegger

Linie an den Oberleitungsmasten angebracht. Dies führt dazu, dass der Fahrdraht während der Fahrt auf dem Bügel hin und her wandert und so ein Einschleifen verhindert wird. Dennoch nutzen sich die Schleifleisten kontinuierlich ab und müssen regelmäßig erneuert werden. Als Materialien für die Schleifleisten wurden im Lauf der Zeit Kupfer-, Aluminium-, Kohlelegierungen verwendet, je nach Verwendung sind sie auch aus Kupfer-Grafit-Pulver-Gemisch oder Grafit im Sinterverfahren hergestellt. Hierbei werden die Materialien in Form von Pulver vermischt und unter hohem Druck und Hitze miteinander verbacken. Folgt man der elektrochemischen Spannungsreihe, ergeben sich grundsätzlich Nachteile, wenn unterschiedliche Werkstoffe verwendet werden. Diese Erkenntnis wird hier genutzt, indem das Material der Schleifleisten in der elektrochemischen Spannungsreihe unter der der Fahrleitung liegt. Dies führt bei den Schleifleisten zu einer schnelleren Abnutzung. Der Austausch der Schleifleisten ist deutlich kostengünstiger, als der Austausch der Fahrleitung.

Klare Regeln bei der Nutzung der Stromabnehmer

Problematisch kann sich ein Mischbetrieb von Stromabnehmern auswirken: Bei einem Einsatz von Kohle-Schleifstücken an einer Strecke, die normalerweise mit Aluminium-Schleifstücken befahren wird, kann die leitende Oxidationsschicht der Fahrleitung zerstört werden. Zur Nutzung der Stromabnehmer bestehen klare Regeln. So ist heute grundsätzlich der hintere Stromabnehmer zu benutzen, damit das Dach der Lokomotive mit all seinen Aufbauten durch den Abrieb der Schleifstücke nicht so stark verschmutzt wird. Ausnahmen gibt es auch: Laufen direkt hinter der Lok ein Steuerwagen oder Wagen, die mit Autos beladen sind, ist der vordere Stromabnehmer zu benutzen. Dies gilt auch, wenn hinter der Lok Kesselwagen mit leicht brennbarem oder gar explosivem Inhalt gekoppelt sind, da vom Stromabnehmer unter Umständen ein Funkenflug ausgehen kann. In bestimmten Fällen kommen sogar beide Stromabnehmer zum Einsatz. Wenn beispielsweise die Fahrleitung vereist ist, bricht der vordere Stromabnehmer das Eis, damit der hintere eine optimale Stromabnahme erreichen kann. Dies ist jedoch nur unter bestimmten Umständen zulässig.

Im Laufe der Zeit haben sich in Europa verschiedene technische und bauliche Formen des Oberleitungsbaus entwickelt, zu deren Nutzung unterschiedliche Stromabnehmer erforderlich sind. Dies führte im internationalen Eisenbahnverkehr zu Problemen. Um eine Harmonisierung für den grenzüberschreitenden Verkehr zu schaffen, wurde eine einheitliche Geometrie in Form der sogenannten Eurowippe festgelegt.

Safety first!

Sie fährt immer mit: die Sicherheit bei der Bahn

57

Das Überfahren von Halt zeigenden Signalen war eine der Hauptursachen für schwere Eisenbahnunfälle. Deshalb suchten Bahnen und Industrie nach Sicherungssystemen, die das verhindern sollten. Man fand es in der Indusi.

Im Jahr 1934 wurde im deutschen Eisenbahnnetz ein Grundmodell der Indusi, der induktiven Zugbeeinflussung oder auch Zugsicherung, eingesetzt. Siemens & Halske legte bereits im Jahr 1909 ein System vor, welches jedoch sehr anfällig und damit nicht zuverlässig war. In den folgenden Jahren wurden immer wieder ähnliche Systeme konstruiert und für den Einsatz vorgeschlagen. Bereits 1935 waren einige Personen-Triebfahrzeuge und etwa ein Zwölftel des deutschen Streckennetzes mit Indusi ausgerüstet. Kriegsbedingt wurde 1944 die Indusi stillgelegt. 1954 standardisierte die Deutsche Bundesbahn die Indusi für alle Schienenfahrzeuge und Gleisanlagen. Natürlich hat sich inzwischen eine moderne Bauart mit Mikroprozessoren durchgesetzt.

Stark vereinfacht betrachtet, sendet ein auf der rechten Seite des Fahrzeugbodens der Lokomotiven oder Triebwagen angebrachter Fahrzeugmagnet permanent unterschiedliche Impulse aus. Das Pendant liegt an relevanten Stellen (im Allgemeinen bei Signalen) neben dem Schienenstrang. Diese Gleismagnete reagieren auf die Signale eines darüber fahrenden Zuges. Die unterschiedlichen Impulse stehen in einem festen Zusammenhang mit verschiedenen Gefahrenpunkten. Beispielsweise wird eine sofortige Zwangsbremsung eingeleitet, wenn ein entsprechendes Signal überfah-

---

Heute schon gelacht?

In der Krimiserie „Tatort" wurde in der Folge mit dem Titel „Kressin stoppt den Nordexpress" die Indusi angesprochen. Ein älteres Ehepaar in einem Abteil streitet sich über das Thema Magnete bei der Bahn. Zitat: „... an Zügen gibt es heute keine Magnete mehr, heute geht alles elektrisch!" Darauf die Antwort des Kommissars: „Mit den Magneten werden die Züge von außen abgebremst und angehalten, falls dem Lokführer mal etwas passiert!" – auch eine Sicht der Dinge!

Gleismagnet im Bahnhof München/Solln – Stefan Friesenegger

ren wird, der Lokführer nicht innerhalb von vier Sekunden die Wachsamkeitstaste betätigt und eine Bremsung einleitet. Auch die zulässigen Geschwindigkeiten eines Zuges werden von der Indusi geprüft. Die dabei erzeugten Daten werden aufgezeichnet und können im Bedarfsfall ausgewertet werden.

Gefahren trotz Sicherheit

So genial und einfach die Indusi ist, sie hat auch ihre Schwachstellen. So entstehen durch die Abstände der Gleismagnete Lücken, in denen sich ein Vorfall ereignen kann, auf den die Indusi nicht reagiert. Auch kann ein Lokführer nach einer Reaktion seiner Indusi regelwidrig reagieren und zum Beispiel einen geforderten Bremsvorgang wieder aufheben. Aktuell sind die Züge mit der PZB, der LZB und der Sicherheitsfahrschaltung ausgestattet und unterliegen damit größter Sicherheit..

Vollständige Angleichung

Historisch betrachtet hat jedes Land sein eigenes Sicherheitssystem. Viele Länder haben sich aber in den Jahren einander angeglichen. Das mussten sie auch, denn heute fahren viele Züge eines Landes auch in das benachbarte. Auf den Britischen Inseln oder auch den ehemaligen Kolonien werden beispielsweise zum Teil ganz andere Sicherheitssysteme eingesetzt. Ein einfaches und altes System ist das Zugstabsystem. Nur der Lokführer, der im Besitz eines Zugstabs ist („Token"), hat die Berechtigung, eine eingleisige Strecke zu befahren.

Ordnung muss sein!

Die Nomenklatur der Bahn

58

Mit dem 1. Januar 1968 wurde bei der Deutschen Bundesbahn ein neues Bezeichnungsschema für Fahrzeuge eingeführt. Durch die bereits damals geplante Einführung von Computern mussten die alten Nummernsysteme, die großteils noch aus dem Jahr 1927 stammten, durch einen neuen Nummernschlüssel abgelöst werden. Mit diesen können Fahrzeugstatistiken, Betriebs- und Werkstattabrechnungen anhand ihrer neuen Schlüsselzahlen erfasst und ausgewertet werden. Die Betriebsnummer, die in zwei Dreiergruppen getrennt ist, enthält in manchen Fällen noch die Nummer der alten Baureihen.

In der ersten Dreiergruppe, der Stammnummer, sind an der ersten Ziffer die Fahrzeugart, an den Ziffern zwei und drei die Baureihe zu erkennen:

0 = Dampflokomotiven
1 = Elektrolokomotiven
2 = Diesellokomotiven
3 = Kleinlokomotiven
4 = Elektrische Triebwagen außer Akku-Triebwagen
5 = Akku-Triebwagen
6 = Dieseltriebwagen
7 = Schienenbusse und Bahndienst-Triebwagen
8 = Steuer-, Mittel- und Beiwagen zu elektrischen Triebwagen
9 = Steuer-, Mittel- und Beiwagen zu Dieseltriebwagen und Schienenbussen

Die alten Stammnummern der Dampflokomotiven gaben in den meisten Fällen Aufschluss über den Verwendungszweck einer Lok:

Schnellzuglokomotiven	01 – 19
Personenzuglokomotiven	20 – 39
Güterzuglokomotiven	40 – 59
Schnell- und Personenzug-Tenderlokomotiven	60 – 79
Güterzug-Tenderlokomotiven	80 – 96
Zahnradlokomotiven	97
Lokalbahnlokomotiven	98
Schmalspurlokomotiven	99

Beispiele zu Stammnummern und deren neuen Nummernschlüssel:

Dampflokomotiven:		Elektrolokomotiven:		Diesellokomotiven	
Alte Bez.:	Neue Bez.:	Alte Bez.:	Neue Bez.:	Alte Bez.:	Neue Bez.:
01	001	E03	103	V200	220

Einheitslokomotiven wurden mit einem Index versehen, wenn unter derselben Stammnummer wesentliche Bauunterschiede bestanden oder ehemalige Ländergattungen die gleiche Stammnummer erhalten hatten.

Beispiele:	03	=	Zweizylinder-Maschine
	03^{10}	=	Dreizylinder-Maschine
	89^0	=	Einheitslokomotive
	89^3	=	Württembergische T 3
	89^6	=	Bayerische D II

Bis zum Jahr 1960 war jede Lokomotive mit einem Zeichen für die Betriebsgattung versehen. Darin waren ein Hauptgattungszeichen und zwei zweistellige Zahlengruppen enthalten. Anhand dieser lässt sich die Zahl der gekuppelten Achsen, die Anzahl aller Achsen entnehmen und die Information zu der mittleren Achslast je Kuppelachse ist enthalten. Dazu kommt noch die Bauart der Lokomotive. So ist die Achsfolge mit der Anzahl und Anordnung der angetriebenen Achsen und Laufachsen angegeben. Enthalten ist, ob die Achsen oder Achsgruppen im Hauptrahmen oder von ihm getrennt gelagert sind. Auch die Dampfart, die Anzahl der Zylinder und der Tender waren enthalten.

Die zweite Dreiergruppe der neuen Nummer stellt die Ordnungsnummer der Lokomotive dar. Bei Lokomotiven mit vierstelligen Ordnungszahlen war dies jedoch nicht möglich. Bei der Baureihe 50 zog man die Tausenderstelle in die Stammnummer: alt 50 1638 = neu 051 638. Die Kontrollziffer wird anhand einer Hilfsziffer 121 212 ermittelt.

Beispiel:	alt: 03 222	neu:	003 222
		Hilfsziffer:	121 212
		Multiplikation:	003 424

Die Quersumme aus der Multiplikation 003 424 ist 13. Die Differenz zur nächsten Zehnerzahl ist 7. Daher lautet die vollständige neue Nummer 003 222-7. 1970 trat der neue Nummernplan auch bei der DR in Kraft.

Von Schwelle zu Schwelle

Lange Strecken legten sie zurück: die Streckengeher der Bahn

59

Sie gingen von Schwelle zu Schwelle, jeder Schritt war gleich lang: die Streckengeher der Bahn. Heute gibt es sie nicht mehr. Tausende von ihnen hatten die Aufgabe, mit einer Notfahne und entsprechenden, teils schweren Werkzeugen die Strecken abzugehen, manchmal bis zu 30 Kilometer pro Tag. Bestimmte Strecken mussten sogar mehrmals am Tage kontrolliert werden, immer den Zügen entgegen, der Sicherheit wegen. Die Streckengeher oder später Streckenläufer sorgten so für die Sicherheit im Bahnverkehr, kleinere Schäden beseitigten sie sofort. Dabei mussten sie Schrauben anziehen, den Zustand der Gleise, Böschungen und Durchgänge, Brücken und der Drahtleitungen prüfen und nach der Begehung einen Bericht schreiben.

Anrisse in den Schienen wurden mit Kreide markiert und umgehend von der nächsten Station oder vom nächsten Streckentelefon aus einem Wartungstrupp gemeldet. Schlimmstenfalls waren Züge anzuhalten, wenn sich ein Gleisbruch ereignet hatte. Hierzu schwenkten sie die Notfahne. Später wurden ca. 1.000 Meter vor der Gefahrenstelle Knallkapseln auf dem Gleis angebracht, zwei weitere nochmals ca. 30 Meter davor. Die Ausübung des Berufes war in den Sommermonaten vielleicht annehmbar, aber in den Wintermonaten bei Eis und Schnee kein Honiglecken. Der letzte Streckenläufer bei der Bundesbahn beendete 1974 seinen Dienst.

Mit modernen Mitteln Fehlern auf der Spur

Heute geht die Prüfung der Schienen elektronisch vor sich. In einem festgelegten Turnus fahren Schienenprüfzüge die Strecken ab. Das hierbei eingesetzte automatisierte Verfahren deckt Schäden zuverlässig auf. Die DB verwendet nach eigenen Angaben das sogenannte Wirbelstrom-Prüfverfahren, was die bisherige Ultraschalltechnik nicht ersetzen, sondern sinnvoll ergänzen soll. Hier werden bei einer Geschwindigkeit von etwa 60 km/h und mehr Fehler im Schienennetz aufgespürt. Meist sind es Haarrisse, die von diesem Verfahren erkannt und oft noch durch Schleifen behoben werden können. Wird ein solcher Haarriss nicht kurzfristig an der Oberfläche abgeschliffen und damit entfernt, kann er mit der Zeit in den Stahl der Schiene oder in ein Stahlteil einer Weiche hineinwachsen und es kommt schlimmstenfalls zu einem Gleisbruch.

Streckengeher zwischen
Dinkelsbühl und Feuchtwangen –
Archiv Theo Fuchs

Hubarbeitsbühnen-Instand-
haltungsfahrzeug für Ober-
leitungsanlagen der Baureihe
711.1 im Einsatz bei der Instandhaltung von Fahrleitungsanlagen
der DB Netz AG im Raum
Nürnberg – Deutsche Bahn AG/
Martin Busbach

Sie sind oft Vergangenheit

Besondere Berufe bei der Bahn

60

Es gab viele Berufe bei der Bahn, die der Modernisierung zum Opfer gefallen sind. Da wäre zum Beispiel der Öllampen-Anzünder. Diese Bahnmitarbeiter hatten unter anderem die Aufgabe, jeden Abend die Öl-, später Petroleumlampen von den Signalmasten herunterzukurbeln, die Lampe anzuzünden und diese wieder auf ihren Platz oben am Mast zu bringen. Nach dem Zweiten Weltkrieg im Zuge der technischen Weiterentwicklung wurden die Öllampen, die nicht ungefährlich waren, sukzessive gegen Gaslaternen ausgetauscht. Die Gasflaschen, die ebenfalls oben am Mast untergebracht waren, hielten bis zu sechs Wochen. Heute werden vielerorts langlebige, energiesparende Leuchtdioden bei der Signalbeleuchtung eingesetzt und bereits häufig mittels Solarzellen mit Strom versorgt. Vieles ist durch diese moder-

Blick in den Speisesaal des Hauptbahnhofs Frankfurt am Main. Foto um 1890 – Deutsche Bahn AG/DB Museum

nen Mittel leichter geworden. Bei Wind und Wetter am Bahnkörper zu hantieren und dabei noch der Gefahr von herannahenden Zügen ausgesetzt zu sein, ist sicher nicht einfach. Eines boten diese Berufe jedoch: einen festen Arbeitsplatz.

Vorsicht, rufen Sie nie nach einem Gepäckträger!

Dann war da noch der Beruf des Gepäckträgers. Diese Gattung der Bahnbediensteten hatte die Aufgabe, das Gepäck, also Koffer, Taschen oder sonstige Dinge, die Reisende mit sich führen, zu einem oder von einem Zug zum anderen zu tragen. In größeren Bahnhöfen standen ihnen auch noch Elektrokarren zur Verfügung. Für wenig Geld konnten Reisende einen großen Komfort kaufen und diesen Menschen einen harten, aber ordentlichen Arbeitsplatz erhalten. Stellen Sie sich heute auf einen Bahnhof und rufen laut: „Gepäckträger!". Lassen Sie es lieber sein, denn man könnte sie komisch ansehen. Auch diesen Arbeitsplatz gibt es heute nicht mehr! Bahnreisende können stattdessen den Gepäckservice der DB AG nützen. In einer Kooperation mit Hermes kann das Gepäck gegen Aufpreis und einer gültigen Bahnfahrkarte von Zuhause abgeholt und an das Reiseziel geliefert werden.

Dem Berufszweig des Schrankenwärters geht es nicht anders. Auch hier wurde und wird sukzessive rationalisiert. Heute gibt es in der Regel automatische Schranken – von Kameras in Stellwerken überwacht und computergesteuert.

Können Sie sich heute noch einen Ausrufer vorstellen? Auch diesen gab es. Bis in die 1920er-Jahre war es üblich, dass ein Ausrufer den nächsten, ankommenden oder abfahrenden Zug in den Wartesälen ankündigte. Heute scheppert hingegen eine Blechstimme von oben, die Sie vielleicht erst nach der vierten Ansage verstehen. Und wenn ein Güterzug durchfährt, dann hat auch der konzentrierteste Zuhörer Pech gehabt.

Neben den vorgenannten Berufen war der Bremser bis zur Einführung von automatisierten Bremssystemen unabdingbar. Besonders in Gegenden, in denen der Güterverkehr eine große Rolle spielte, aber auch in Landstrichen mit stärkeren Gefällestrecken standen viele Bremser in Lohn und Brot. Ihr Arbeitsplatz war der Bremsersitz oben am Wagendach, anfangs noch offen, später mit einem „Häuschen" vor den Unbillen der Witterung geschützt. Auf entsprechende Pfeifsignale des Lokführers kurbelten sie ihr Handrad nach unten, um die Bremse ihres Wagens anzuziehen. Je steiler die Strecke, desto zahlreicher war die Bremsermannschaft auf den Wagen.

Wartung bei der Bahn

Mit zahlreichen Einrichtungen zum Ziel

61

Oberleitungen, Brückenbauwerke, Schienen, Masten, Signale, all diese Einrichtungen müssen in vorgeschriebenen Intervallen geprüft und gegebenenfalls repariert oder ausgetauscht werden. Was früher durch die Prüfungen der Streckengeher erfolgte, wird heute in hochmodernen Prüftriebwagen der DB unter Einsatz entsprechender Technik durchgeführt.

Die Baureihe 711.1 der DB Netz Instandhaltung ist ein modernes und schnelles Instandhaltungsfahrzeug für Oberleitungen, welches mit seinen zahlreichen Messinstrumenten und zwei Hebebühnen auf dem Dach unter anderem auf Schnellfahrstrecken eingesetzt wird. Diese Fahrzeuge sind zur Behebung von Schäden an Oberleitungen an den Fahrstrecken im Einsatz. Die Arbeitsbühnen können sehr flexibel eingesetzt werden und unter anderem auch, wie auf dem Bild zu sehen, unter die Brücke, auf der der Prüfwagen steht, gefahren werden. Auf diese Weise können Prüfungen zum Beispiel an Brücken sofort vor Ort und bei Bedarf auch Reparaturen vorgenommen werden, ohne kostspielige und zeitintensive Gerüste aufzubauen. Auch nachts kann gearbeitet werden, da auf dem Dach zahlreiche, je nach Einsatzgebiet unterschiedliche Beleuchtungskörper angebracht sind. Ein Stromabnehmer und ein Seildrücker sowie eine Videoüberwachung sind ebenfalls vorhanden.

Oberleitungsmesswagen Baureihe VT 263/VT 701 – Deutsche Bahn AG/Martin Busbach

Baureihe 711 der DB Netz Instandhaltung an einer Brücke im Erzgebirge – Deutsche Bahn AG/Uwe Schmieder

Unglaublich viele und unterschiedliche Fahrzeuge

Neben den modernen und neuen Fahrzeugen sind auch noch immer frühe Modelle auf der Schiene. Dabei handelt es sich meist um umgebaute Schienenbusse der Baureihe VT 95 und VT 98, teils aus den 1950er-Jahren. Diese wurden 1968 im Rahmen der Umbenennung der Fahrzeuge der Deutschen Bundesbahn in die Baureihen 701 oder 702 umbenannt und sollten inzwischen ausgemustert werden, ein paar von ihnen sind jedoch noch immer im Einsatz. Sie wurden zu sogenannten Diagnose-Turmtriebwagen umgebaut, waren aber auf Schnellfahrstrecken zu langsam. Die Deutsche Bahn AG setzt viele unterschiedliche Spezialfahrzeuge zur Erhaltung der Sicherheit der Bahn ein. Die heute im Einsatz befindlichen Instandhaltungsfahrzeuge tragen vielfältige Bezeichnungen: Regelturm-Triebwagen, Diagnoseturm-Triebwagen, Instandhaltungs-Fahrzeug-Oberleitung, Drehgestell-Turmtriebwagen, Tunnelinstandhaltungs-Fahrzeug, Oberleitungsmontage-Fahrzeug, Technologieträger-Fahrzeug, Oberleitungsrevisions-Triebwagen, Grabenräumeinheit, Tunneluntersuchungs-Wagen, Schienenprüf-Express, Funkmess-Triebwagen, Indusi-Prüftriebwagen, Gleismesszug, Bergungs-, Rettungs- und Feuerlöschfahrzeug, Entgleisungs-Triebzug – nur um ein paar Beispiele zu nennen.

Die Stachel ausgefahren

Tunnelmesswagen als „Tunneligel"

62

Hohe Drücke im Bergmassiv können dazu führen, dass sich Tunneldecken senken. Um diese gefährlichen Veränderungen festzustellen, fährt die Bahn mit sogenannten Tunnelmesswagen turnusmäßig in Tunnel ein.

Als für diese Aufgabe noch keine elektronischen Messverfahren zur Verfügung standen, erledigten diese Aufgabe die sogenannten Tunneligel. Den Spitznamen verdankten diese Fahrzeuge ihrem Aussehen. Mit den Tastarmen konnte das Tunnelprofil mechanisch vermessen werden. Bei Berührung mit einer Ausbuchtung im Tunnel wurden die Messarme je nach Absenkung nach hinten gedrückt. Eventuell festgestellte Verformungen wurden für die Reparaturarbeiten dokumentiert. Über einen Messstromabnehmer konnte die Höhe der Fahrleitung gemessen werden. Das abgebildete Fahrzeug wurde 1965 zum Tunneligel umgebaut und im Jahr 1993 außer Dienst gestellt.

Der „Tunneligel" steht heute im Eisenbahnmuseum Bochum-Dahlhausen – Daniel Siegele

Einer der größten Kräne

63

Da hängt ordentlich was am Haken

Mächtig ist er, der Eisenbahndrehkran KRC 810 t. Innerhalb sehr kurzer Rüstzeiten ist es ihm möglich, vormontierte Schienen und Weichen zu verlegen. Der selbstfahrende Kran ist als schweres Nebenfahrzeug bei der Bahn im Einsatz.

Der 13 Meter lange Riese hat ein Eigengewicht von 128 Tonnen und kann sich selbst mit einer Maximalgeschwindigkeit von 20 km/h fortbewegen. An einen Zug gekuppelt ist er für eine Höchstgeschwindigkeit von 120 km/h zugelassen.

Ein Riese macht sich groß

Aus seiner Höhe von nur 4,25 Metern in der Transportstellung kann er sich auf eine maximale Arbeitsstellung von 20 Metern in 100 Sekunden teleskopieren. Der achtachsige Gleisbauschienenkran kann im abgestützten Kranbetrieb 125 Tonnen bewältigen. Trotz seiner Größe und seines Gewichtes ist er sehr wendig und lässt sich schnell zu einem Einsatzort bringen. Mit einer Tragkraft bis zu 160 Tonnen ist derzeit der „Multi Tasker 1200" der größte Notfallkran der DB Netz.

Der KRC 810 t zu Besuch in Augsburg zur Feier „175 Jahre Eisenbahn München – Augsburg" – Stefan Friesenegger

Zusehen, bis es kracht

Die Bremssysteme der Eisenbahn

64

Bei den ersten Lokomotiven wurde über einen Hebel Druck auf Holzklötze ausgeübt. Ähnlich ist die Funktionsweise der Bremse mit Kurbeltrieb. Über zahlreiche Erfindungen wie etwa die Gewichtsbremse oder die Seilbremse sind die Reibungsbremsen diejenigen, die sich bis an den heutigen Tag durchgesetzt haben. Sie zählen zugleich zu den ältesten in der Eisenbahngeschichte. Die gewünschte Verzögerung wird über die Reibungskraft am Radreifen erzeugt. Ihre Steuerung erfolgt pneumatisch, also mit Druckluft. Wird die Reibungskraft zu stark, blockiert das Rad. Ist der Zug noch in Bewegung, schleift das stehende Rad über die Schiene und bekommt so unter Umständen eine Flachstelle. Da bei Eisenbahnfahrzeugen die Verbindung zwischen Rad und Schiene ausschließlich durch die Berührung der beiden Eisenflächen stattfindet, kommt ein Zug vor allem bei öligen oder nassen Schienen schnell ins Rutschen. Erst wenn Schiene und Rad völlig trocken und sauber sind, ist der höchste Reibungswert erreicht.

Links, bei der gelben Markierung: Der Bremsklotz mit seinem Hebel liegt am Radreifen an. – Stefan Friesenegger

Scheiben oder Klotz?

Weitere Reibungsbremsen sind die Scheibenbremsen. Vermehrt stellen sie heute einen Teil des Rades selbst dar. Häufig sind die Scheibenbremsen in der Mitte der Radsatzwelle angebracht. Durch die Bremsreibung entsteht je nach Stärke der Bremskraft Wärme, welche einen deutlichen Einfluss auf die Bremsleistung hat. Daher sind Scheibenbremsen gelocht oder innenbelüftet. Insgesamt ist die Bremsleistung einer Scheibenbremse höher, sie verursacht weniger Lärm und die Radreifen nutzen sich durch die Bremsen nicht ab. Allerdings sind die Montagearbeiten kostenintensiver. Zusätzlich haben noch heute zahlreiche Wagen und Triebfahrzeuge eine mechanische Feststellbremse, anhand derer abgestellte Fahrzeuge gesichert werden können. Alle Züge, die für eine Höchstgeschwindigkeit von mehr als 50 km/h zugelassen sind, müssen gemäß der Betriebsordnung der Bahn mit einer durchgehenden, selbsttätigen Bremse ausgerüstet sein. Bestimmte Eisenbahnen, aber auch Straßenbahnen, Schienenbusse oder Schienentriebwagen sind zusätzlich mit Magnetschienenbremsen ausgestattet. In ihrem Ruhezustand müssen diese bei der Deutschen Bahn einen Mindestabstand von 55 Millimetern zu den Schienen aufweisen. Beim Auslösen dieser Bremse werden die Bremsschuhe pneumatisch auf die Schiene abgesenkt. Ihre eigentliche Bremskraft entsteht durch die elektromagnetische Kraft, mit der sie an die Schiene angezogen werden. Im Falle eines Fahrleitungsausfalles muss die Bremswirkung dennoch gewährleistet sein. Der Einsatz von Batterien ist daher zwingend erforderlich.

Sand oder nicht Sand?

Wenn beim Bremsen die Räder ihren Halt verlieren und ins Rutschen geraten, verlängert sich der Bremsweg eines Zuges eklatant. Dann wird Sand eingesetzt. Immer wieder ereigneten sich aber Unfälle oder Beinahe-Unfälle, bei denen der Einsatz von Bremssand durch seine Isolationswirkung zu Fehlern in der Sicherungstechnik führte. Die Folge war, dass dieses Gleis „frei" gemeldet wurde, obwohl sich ein Zug darauf befand. Daraufhin hat das Eisenbahn-Bundesamt zur Wahrung eines sicheren Betriebes eine Dienstanweisung an die in Deutschland zugelassenen Eisenbahnverkehrsunternehmen und Halter erlassen. Hierbei handelte es sich um eine erweiterte Regelung zur Bedienung der Sandstreueinrichtung. „Aufgrund der erkannten Gefahren sei bei einer erkennbaren Notsituation ein unbegrenztes Sanden weiterhin erlaubt. Dieses dann aber ggf. für das Wirken der Gleisfreimeldeanlage kritische Sanden muss dem Fahrdienstleiter (Fdl) umgehend gemeldet werden." In der Schweiz wird kein Sand eingesetzt.

Lass laufen, Kumpel!

Ablaufhügel für die Zusammenstellung der Züge

65

Sie haben sich in Deutschland stark reduziert, die Zugbildungsbahnhöfe oder Rangierbahnhöfe. An ein paar Standorten in Deutschland werden noch immer Ganzzüge zerteilt und als gemischte Züge zusammengestellt. Viele Rangierbahnhöfe werden heute einfach als Abstellbahnhof für nicht mehr benötigte Wagen oder als Containerbahnhof benutzt.

Anfangs wurden die einzelnen Wagen oder Wagengruppen von Lokomotiven von einem Gleis zum anderen bewegt, was jedoch kostenintensiv, umständlich war und viel Zeit kostete. Sehr früh wurde daher die Schwerkraft für diese Aufgaben genutzt. Mitte des 19. Jahrhunderts wurde erstmals die potenzielle Energie durch Ablaufenlassen der Wagen zum Rangieren eingesetzt. Abschüssige Gleise wurden hierzu verwendet. Bei rollendem Zug wurden die Wagen unter Lebensgefahr abgekuppelt. 1860 wurde der erste Ablaufhügel errichtet. Mit ihm nahm die Trennung der Gleisgruppen in den Rangierbahnhöfen ihre Form an, wie sie noch heute vorzufinden ist. Die Höhe eines Ablaufhügels liegt je nach Örtlichkeit etwa bei einem bis maximal fünf Metern.

Beim Rangierbetrieb im Güterumschlag kam es in der Anfangszeit häufig zu Wagenentgleisungen, zu Beschädigungen an den Wagen oder Waren.

Im Rangierbahnhof Maschen – Deutsche Bahn AG/Manfred Schwellies

Die Ablaufgeschwindigkeit war entweder zu langsam, der Wagen ist auf seinem Weg „verhungert" oder er war zu schnell. Dann ist er mit großer Wucht aufgefahren. Daher müssen die Wagen gebremst werden. Von Hand wurden Hemmschuhe auf die Gleise gelegt. Diese Vorgehensweise war nicht ungefährlich. Auch konnte die Reduzierung der Geschwindigkeit der Wagen nicht im gewünschten Maße erreicht werden. Am Fuß des Ablaufhügels befanden sich Auswurfvorrichtungen für die Hemmschuhe, die eine Erhöhung der Zielgenauigkeit des Bremsvorganges erwirken sollten.

Der Einzug der Elektronik veränderte alles

Durch die Entwicklungen von mechanischen Gleisbremsen konnten die ablaufenden Güterwagen gezielt abgebremst werden, meist in Form eines Balkens, der vom jeweiligen Stellwerk aus bedient wurde, anfangs noch mechanisch oder elektromechanisch. Mit der Entwicklung der Elektronik aber reifte dieser Prozess zunehmend. Die Bremsbacken legen sich je nach Erfordernis mit Druck und Dauer seitlich an die Räder des durchlaufenden Wagens an und bremsen ihn ab. Dabei könnte die Bremskraft so stark eingestellt werden, dass sie einen schnell fahrenden Wagen noch in der Bremsanlage zum Stehen bringen kann. Doch völlig kupplungsreif mussten die Wagen noch immer mit einer Lokomotive zusammengedrückt werden. Dies erfolgt heute entweder durch funkferngesteuerte Lokomotiven oder durch Wagenförderanlagen.

Ferngesteuert über den Ablaufberg drücken ... – Deutsche Bahn AG/Uwe Miethe

Harter Bursche Kupplung

Tausende Tonnen am Zughaken der Eisenbahn

66

Durch Deutschland und Europa werden von der Deutschen Bahn AG täglich über eine Million Tonnen Güter mit rund 5.000 Güterzügen transportiert. Der längste Güterzug in Deutschland ist 835 Meter lang. Da hängt ordentlich was am Zughaken.

Die Zugeinrichtungen bei der Eisenbahn oder – einfach gesagt – die Kupplungen verbinden die Wagen untereinander und mit der Lokomotive. In Deutschland werden im Eisenbahnverkehr überwiegend

Ein Zug und kein Ende? Zwei Elloks der Baureihe 189, Selbstentladewagenzug mit Eisenerz – Deutsche Bahn AG/Georg Wagner

Schrauben-Kupplungen eingesetzt. Grundsätzlich befinden sich an den Stirnseiten der Eisenbahnfahrzeuge jeweils ein Zughaken und eine Kupplung, es wird aber immer nur eine Kupplung verwendet . Die zweite dient zur Reserve, beispielsweise für einen Kupplungsbruch. Eine Schrauben-Kupplung bringt etwa 35 Kilogramm auf die Waage. Die schmutzige Arbeit beim An- oder Abkuppeln nimmt etwa eine Minute für einen Wagen in Anspruch, da darüber hinaus auch noch die elektrischen Leitungen und die Luftleitungen miteinander verbunden werden müssen. Der Platz zwischen den Puffern und der Kupplung wird als „Berner Raum" bezeichnet. Beim Abbremsen der Züge übernehmen die Federpuffer die Stoßkräfte.

Problem Rangieren

Die Einführung eines selbsttätigen, also automatischen Kupplungstyps wie etwa die Scharfenberg-Kupplung hat leider bis heute in Deutschland nicht stattgefunden. Da das Abkuppeln mit den Schrauben-Kupplungen nur durch einen mechanischen Eingriff von Hand erfolgen kann, wird die Arbeit der Rangierarbeiter enorm behindert. Daher werden heute vielerorts bei Rangierlokomotiven steuerbare Vorrichtungen eingesetzt, die das Kuppeln vereinfachen. In Abhängigkeit zum Gewicht der zu bewegenden Schienenfahrzeuge kommen unterschiedliche Kupplungen zum Einsatz. Für leichte Fahrzeuge wie etwa bei einer Schmalspurbahn oder den Straßenbahnen werden sogenannte Trichter- oder Trompeten-Kupplungen eingesetzt. Darüber hinaus gibt es viele unterschiedliche Kupplungsarten: die Mittelpuffer-Kupplung, die Albert-Kupplung, die Balancierhebel-Kupplung usw.

Spezielles für die ganz harten Typen

Für die schweren Erzzüge benötigt die Bahn ganz spezielle Kupplungen. In Deutschland gibt es die sogenannten Achslast-Bestimmungen, die das Gewicht der Züge reglementieren, um den Verschleiß in Grenzen zu halten. Aber schwere Züge können schon mal 5.000 oder gar 6.000 Tonnen auf die Waage bringen. Bei solch hohen Zugkräften sind normale Kupplungen nicht mehr geeignet. Hier werden automatische Mittelpuffer-Kupplungen verwendet. Die sogenannte C-AKv-Kupplung ist im gesamten europäischen Eisenbahnverkehr der aktuelle Stand. Sie halten, wo bei den Schrauben-Kupplungen mit etwa 4.000 Tonnen die Grenze erreicht ist. In Schweden etwa können schwerere und längere Züge gebildet werden. Hier kommen Züge mit einem Gesamtgewicht von gut über 8.000 Tonnen und über 700 Meter Länge auf die Schiene.

Sitzen Sie bequem?

Vom Ledersitz auf das Wagendach

67 Mit dem Beginn des Eisenbahnbetriebes wurde die Klasseneinteilung von der Postkutsche auf die Eisenbahn übertragen: Es wurden drei Klassen angeboten, die sich in Komfort und Tarif deutlich unterschieden. Ähnlich den Kutschen wurden für die dritte Klasse auch offene Fahrzeuge verwendet. Aber es sollte noch eine weitere Klasse geben. Mit der vierten Klasse bei der preußischen Eisenbahngesellschaft wurde auch Fahrgästen mit deutlich geringerem Einkommen das Bahnfahren ermöglicht. Diese Wagen hatten oftmals nur Stehplätze zu bieten. Mit der Einführung einer Steuer auf die Bahnfahrkarten stieg die Zahl der Fahrgäste in der vierten Klasse deutlich an.

Vor und nach dem Zweiten Weltkrieg

Die wirtschaftliche Lage nach dem Ersten Weltkrieg zwang viele Fahrgäste dazu, die vierte Klasse zu nutzen. 1928 wurde sie aber wieder abgeschafft. Im Prinzip wollte die Bahn durch die Einstellung der vierten Klasse ihre Einnahmen erhöhen. Früher wurde auf die Wagenklasse an den Wagentüren mit römischen Ziffern hingewiesen. Zudem waren die Wagen farblich abgesetzt. Heute erfolgt dies mit arabischen Ziffern und ein gelber Streifen über den Fenstern markiert die Abteile oder Wagen der ersten Klasse. Bei IC- und ICE-Zügen der Deutschen Bahn AG werden die Streifen jedoch nicht mehr aufgebracht. Für rund 250 Millionen Euro hat die Deutsche Bahn AG ihre IC-Flotte von über 770 Intercity-Wagen generalüberholt, um den Fahrkomfort zu verbessern. Die technischen Neuerungen beziehen sich in erster Linie auf die Klimaanlagen, die Türen und die Energieversorgung. Der letzte reine Erste-Klasse-Zug, ein TEE, wurde im Jahr 1987 aus dem Programm der Bahn genommen. Etwa 20 Prozent der gesamten Sitzkapazität beträgt heute der Anteil der ersten Klasse.

Klassenbezeichnung und Klassenunterschiede

Höherer Komfort und damit die Ausstattung, die Größe und Beschaffenheit der Sitze und die größere Beinfreiheit sind die Kriterien für die erste Klasse. Hinzu kommen Einrichtungen, die das Fahren in einer solchen Klasse angenehm machen, wie etwa eine Klimaanlage (die auch funktioniert), Ruhezonen, Rollos und eine gute Bedienung mit Getränken und je nach Reisedauer Mahlzeiten. Aber auch bereits vor der Abfahrt ist ei-

„Voller" Zug in Bangladesch – Bernd Hasenfratz

ne gesonderte Stellung im Wartebereich von Belang. Es gibt aber auch Länder auf unserer Erde, in denen die Klassen bei der Eisenbahn nur eine sehr untergeordnete Rolle spielen. Bangladesch oder Indien sind Beispiele dafür.

Züge benötigen dort auch für kurze Strecken eine für unsere Verhältnisse unvorstellbar lange Zeit. Es herrscht eine unerträgliche Hitze, die Toiletten sind nicht benutzbar, da verstopft und verdreckt. Die gesamte Eisenbahn ist völlig veraltet und verrottet. Aber die Eisenbahn ist das oftmals einzige Verkehrsmittel, mit dem die Menschen von einem Ort zum anderen kommen. Die Züge sind daher völlig überfüllt, was viele Reisende dazu zwingt, auf dem Wagendach, den Trittbrettern oder den Puffern mitzufahren. Dadurch geschehen täglich unglaublich viele Unfälle. Man schätzt, dass allein in Indien durch die chaotischen Zustände über 30.000 Menschen jährlich beim Bahnfahren ums Leben kommen, ob an Bahnübergängen, durch den Sturz vom Wagendach oder aus den offenen Türen, an denen meist ganze Menschentrauben hängen. Einige Inder der unteren Kasten verdienen sich hier am Tag etwa 100 Rupien, das sind rund 1,30 Euro, indem sie Leichenteile bergen.

Auch ein ICE muss mal ran

Wie moderne Züge modernisiert werden

68

Die Deutsche Bahn AG investiert rund 320 Millionen Euro in die Modernisierung ihrer seit 1991 betriebenen ICE 1-Garnituren. Der Bestand von 58 Zügen soll damit vollständig überarbeitet werden, um ihn für weitere zehn Jahre betriebsfähig zu halten. Das sind rund fünf Millionen Euro pro Zug. Dabei geht es nicht nur um technische Verbesserungen der Hochgeschwindigkeitszüge der ersten Generation, sondern auch um Komfortmaßnahmen. Diese Arbeiten sollen bis 2024 abgeschlossen sein.

Zudem werden 400 Millionen Euro für ein neues ICE-Werk in Nürnberg investiert und damit zugleich 450 neue Arbeitsplätze geschaffen. Ab 2028 sollen hier täglich bis zu 25 ICE-Züge auf sechs Gleisen in einer 450 Meter langen Wartungshalle fit gemacht werden. Dieses Werk soll zudem zu 100 Prozent klimaneutral betrieben werden.

ETCS, das neue Zugsicherungssystem in der EU

Ein wesentlicher Bestandteil der Aufarbeitung der Züge ist die Ausrüstung mit dem Europäischen Zugsicherungssystem ETCS, dem European Train Control System. Es handelt sich hierbei um eine Komponente des einheitlichen europäischen Leitsystems für die Eisenbahn. Derzeit sind in der Europäischen Union unterschiedliche Zugsicherungssysteme im Einsatz. Langfristig soll ETCS alle diese Systeme ablösen. ETCS ist in verschiedene Level untergliedert und soll nach und nach auf alle Schnellfahrstrecken in Europa ausgedehnt werden, da dies durch das europäische Recht vorgeschrieben ist. Das System überwacht unter anderem die korrekte Fahrtstrecke, die Fahrtrichtung und die jeweils örtliche Höchstgeschwindigkeit des Zuges.

Verfeinerung der Konzeption der Drehgestelle

Für die neue Generation des ICE mussten aufgrund veränderter Gegebenheiten neue Aspekte einbezogen und die Drehgestelle verfeinert werden. Speziell die Faktoren der Stabilität bei Geschwindigkeiten bis 363 km/h, die Schallentwicklung oder das geschwindigkeitsabhängige Schwingungsverhalten, aber auch die Instandhaltung und die dafür auftretenden Kosten wurden in die Entwicklung einbezogen. In Zusammenarbeit zwischen der Deutschen Bahn AG und der Siemens AG entstand das

neue Drehgestell, welches im aktuellen ICE 3 eingesetzt ist. Die Drehgestelle unterteilen sich in Trieb- und Laufdrehgestelle. Beide sind weitgehend baugleich. Der Rahmen konnte aufgrund unterschiedlicher Materialien deutlich in seinem Gewicht reduziert werden. Querdämpfer und eine
Querfederung zur Schonung der Gleise, besonders in Gleisbögen, spielen
dabei ebenso eine Rolle wie die Schlingerdämpfung oder die Querspielbe-
grenzung. Die neue Baureihe verfügt über eine Bremsscheibe mehr als ihre
Vorgänger. Je Zugverband ist nur ein ungebremster Radsatz verbaut. Die
im Drehgestellrahmen montierten Fahrmotoren haben eine Leistung von
je 500 kW. Die gesamte Zugeinheit ist mit 16 Fahrmotoren ausgestattet.

DB Fahrzeuginstandhaltung in Deutschland

Die DB Fahrzeuginstandhaltung GmbH unterhält in Deutschland
Werke in Bremen, Cottbus, Dessau, Eberswalde, Fulda, Kassel, Kre-
feld, München, Neumünster, Nürnberg, Paderborn, Wittenberge und das
Dampflokwerk Meiningen für historische Fahrzeuge. Im Werk Nürnberg
liegt die Kernkompetenz in der schweren Instandhaltung. Hier werden die
Hochgeschwindigkeitszüge der ICE-Flotte gewartet.

Die Modernisierung der ICE-T-Flotte – Deutsche Bahn AG/Uwe Miethe

Museen, Parks, Vereine

Vom Müssen …

69

„Die Deutsche Bahn AG mit Sitz in Berlin ist ein Verkehrsunternehmen. Sie steht seit ihrer Entstehung im Jahr 1994 als bundeseigenes Unternehmen in der Pflicht der Beförderung und der Durchführung von Beförderungsverträgen zwischen Reisenden und einem oder mehreren Eisenbahn-Verkehrsunternehmen, die im Unternehmen des Deutschen-Bahn-Konzerns enthalten sind, nachzukommen. Die Verpflichtung gilt auch für die Zusammenarbeit mit Vertragspartnern der Deutschen Bahn AG auf dem Transportsektor."

Vom Können

Für die Entstehung eines Vereines zur Erhaltung historischer Uniformen aus dem Bahnwesen oder die Restaurierung von ausgemusterten Eisenbahnfahrzeugen trägt die Deutsche Bahn AG keine rechtliche Verant-

DB Museum in der Lessingstraße, Nürnberg – Deutsche Bahn AG/Mike Beims

wortung. Eventuell aber eine moralische, jedoch ist diese in den allgemeinen Grundsätzen der Betriebswirtschaft nicht enthalten. Die Eisenbahnmuseen der DB in Nürnberg, Halle/Saale und Koblenz sind von großer Bedeutung für einen Teil des Erhalts der Technik und der Organisation früherer Zeiten. Damit Eisenbahnliebhaber etwas zu bestaunen haben, aber auch die nachfolgenden Generationen noch in den Genuss kommen können, historische Bahnen zu sehen, gibt es Vereine, Parks, Museen, Interessengruppen, Verbände und Stiftungen. Sie alle sind vom rechtlichen Status völlig unterschiedlich, haben aber ein Ziel: Sie sammeln, erhalten, restaurieren, bauen wieder auf und stellen etwas aus.

Vom Wert

Eisenbahnmuseen, Eisenbahnparks und viele andere sind verkehrstechnisch oder themenbezogen orientiert und stellen Exponate zur öffentlichen Betrachtung bereit. Gerade bei alten Schienenfahrzeugen und deren Umfeld ist eine deutliche Zunahme ihrer Bedeutung zu erkennen. Sie spiegeln die Kulturgeschichte eines Landes wider und lassen den Wert der Erhaltung und noch mehr den Betrieb von historischen Eisenbahnen erkennen. Wenn nicht all die Vereine, die privaten Initiativen, aber auch Kommunen oder Dörfer die Nebenbahnen, Bahnhöfe und viele andere Dinge aus der „guten alten Zeit" auf eigene Kosten und mit unendlich viel privatem Engagement erhalten würden, wäre die Welt ein großes Stück ärmer. All den Enthusiasten und ehrenamtlichen Fronarbeitern gebührt ein besonderer Dank!

Museen, Ausstellungsgelände und Parks

Über die ganze Welt verstreut existieren unzählige Eisenbahnmuseen und Ausstellungen. In jedem Land werden die Exponate ausgestellt, viele Schienenfahrzeuge sind unabhängig von ihrem Alter noch fahrbereit und werden zu Sonderausstellungen, Jubiläumstagen oder manche sogar in regelmäßigen Einsätzen dem Eisenbahnliebhaber oder auch nur Interessierten vorgestellt. Allein in Deutschland stehen verteilt auf 15 Bundesländer über 80 Museen und Ausstellungen dauerhaft zur Verfügung. In Deutschland nennt sich das Eisenbahnmuseum Bochum mit über 120 Exponaten das größte. Als das älteste Eisenbahnmuseum Deutschlands und der Welt sei das DB Museum in Nürnberg in der Lessingstraße genannt. Mit seinen drei Standorten Nürnberg, Halle/Saale und Koblenz ist es seit 2013 auch Teil der Deutschen Bahn Stiftung. Hier konnte im Jahr 2017 ein Rekord von insgesamt 235.000 Besuchern verzeichnet werden, der noch den des Vorjahres übertraf.

Ein Spiegel der Zeit

Die Eisenbahn und die Werbung

70

Werbung ist allgegenwärtig, meist übersehen wir sie, aber doch erreicht sie uns. Sie überrascht, belustigt und manchmal trifft sie unsere Gefühle.

Die Werbung hat sich über die Jahre sehr verändert. Dazu kommt der technische Fortschritt, der heute ganz andere Möglichkeiten zur Gestaltung und Verbreitung der Werbung zulässt. Die Werbung bei der Eisenbahn ist damit auch ein Spiegel der Zeit. In den Jahren nach dem Krieg waren Werbeplakate noch häufig als naive Darstellungen zu finden. Fröhliche Menschen freuten sich, mit der Eisenbahn in eine schöne Landschaft zu fahren. Die Züge und Lokomotiven wurden meist dominierend und imposant in den Vordergrund gerückt. Sie demonstrierten Stärke, aber auch Zuverlässigkeit und Geschwindigkeit.

Identifikation mit Markennamen

Heute wie damals findet eine Identifikation mit Markennamen statt. Sicher war der Bezug noch ein anderer als heute, aber Namen wie beispielsweise AEG, Henschel oder Siemens lösten schon etwas aus. Neben eindrucksvollen Karikaturen warben Werbetexte wie etwa „AEG, Ausrüstung für Bahnbetrieb" oder „Henschel, Eisenbahn, LKW, Flugzeuge". Auch Orenstein & Koppel hinterließ mit zeitgemäß schlichter Werbung zur „Köf" oder dem „Berliner Stadtwagen" Eindrücke.

Baureihe E 10 in der Werbung – Sammlung Stefan Friesenegger/‚Die Bundesbahn'

Baureihe 103 in der Werbung – Sammlung Stefan Friesenegger/‚Die Bundesbahn'

Unterhaltsame Werbesprüche

Direkt unterhaltsam erscheinen dagegen die Werbeplakate für die Deutsche Reichsbahn mit Sprüchen wie „Raucher steigt in Raucher ein, oder lasst das Rauchen sein", „Platzkarten beruhigen", „Oft lohnt die 1. Klasse", „Pünktlich wie die Eisenbahn, sagten unsere Großväter und stellten ihre Uhren nach vorbeifahrenden Zügen", „Betriebsausflüge in Tanz-Zügen verbessern das Betriebsklima", „Wir kochen auch bloß mit Wasser, aber vielleicht haben wir mehr Dampf im Kessel", „Lehnst du dich zu weit hinaus, kommst du nicht gesund nach Haus!". Bei der Deutschen Bundesbahn wurde es etwas anders: „Alle reden vom Wetter, wir nicht", „Mit dem Rheingold von der Nordsee zu den Alpen" oder „Rückgrad des Verkehrs" und natürlich die traurige Mitteilung „Unsere Loks gewöhnen sich das Rauchen ab". Die Werbung im Wandel. Handgemaltes wich Farbfotos und die Texte deuteten auf eine andere Zeit hin: „Wir fahren immer" und bei „Bahn exklusiv, InterCity IC" saß bereits eine Dame im knappen Mini neben einem Herrn im Anzug im Aussichtswagen. Für die Werbung der Deutschen Bahn AG stehen heute die modernsten Werbeträger, Werbeagenturen und ein globales Netz zur Verfügung. Trotzdem wird die Vergangenheit nicht vergessen und „Altes" herausgekramt. Im Übrigen sind heute die alten Werbeplakate der Bahn heiß begehrt, wie man auf Sammlerbörsen oder im Internet feststellen kann.

Bahnbücher in Nürnberg

71

Etwa 150.000 Bände aus fünf Jahrhunderten

Mehr als 100 Jahre sammelt die Bibliothek des Firmenmuseums der Deutschen Bahn AG nunmehr Zeitschriften und Bücher. Alle Werke beziehen sich auf das Eisenbahnwesen und die angrenzenden Themenbereiche. Sie beherbergt somit eine der ältesten und umfangreichsten Sammlungen zur Eisenbahngeschichte! Bereits im Jahr 1903 wurde die Sammlung erstmalig erwähnt, ab 1909 ist sie eine Lesestube und danach als Bibliothek ausgewiesen. Im Jahr 1920 zieht die Bibliothek in das neue Gebäude der heutigen Deutschen Bahn AG Verkehrsmuseum in Nürnberg in der Lessingstraße ein, damals „Bayerisches Verkehrsmuseum" genannt.

Beginn der Sammlung bereits im Jahr 1899

Etwa 150.000 Bände aus fünf Jahrhunderten sind hier vorrätig, davon sind bereits etwa 100.000 erfasst und katalogisiert. Sie ist damit die bedeutendste Sammlung von Eisenbahnliteratur in Deutschland, wenn nicht sogar der Welt. Selbst im Ursprungsland der Eisenbahn, in England, ist nicht diese Fülle vorzufinden. Unter anderem findet man dort auch die Eisenbahn-Zeitung, die mit Beginn der 1840er-Jahre aufgelegt wurde und dem Verein Deutscher Eisenbahnverwaltungen ab dem Jahr 1843 als Fachblatt diente. Diese Zeitschrift erschien wöchentlich. Neben Beschreibungen enthielt sie unter anderem erläuterte Zeichnungen, Karten, Pläne und Ansichten. Sie kostete drei Thaler im Abonnement für das Halbjahr.

Geschichtlich ist die Sammlung auf die Gründung des Königlich Bayerischen Verkehrsmuseums im Jahr 1899 zurückzuführen. Der damals noch kleine Buchbestand hatte bereits im Ersten Weltkrieg einen Umfang von etwa 17.000 Bänden. Durch die Bahnreform wurden die Dienstbibliotheken der Reichsbahn und die der Bundesbahn aufgelöst. Der Gesamtbestand lag nun bereits bei etwa 120.000 Bänden und wurde im DB Museum und der Handbibliothek der Historischen Sammlung zusammengeführt. Heute sind im Rahmen der wissenschaftlichen Neuordnung in einem bahninternen Datenverarbeitungssystem die Buchtitel aufgenommen und die meisten Datensätze zu historischen Überlieferungen der Geschichte der Eisenbahn verfügbar. Die Bibliothek im DB Museum in Nürnberg ist dienstags bis freitags öffentlich zugänglich. Ein Besuch sollte aber nach Absprache stattfinden.

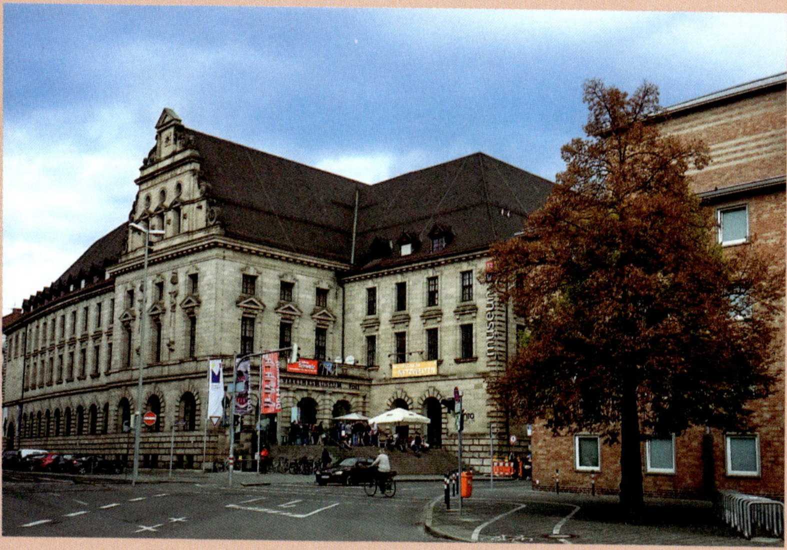

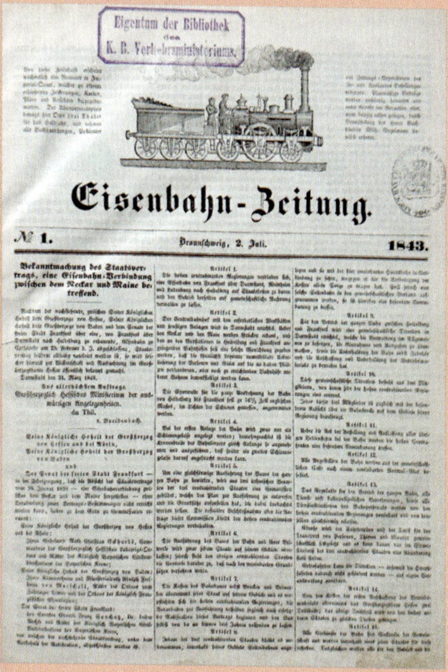

Eigentum der Bibliothek des K. B. Verkehrsministeriums.

Eisenbahn-Zeitung.

№ 1. Braunschweig, 2. Juli. 1843.

Bekanntmachung des Staatsvertrags, eine Eisenbahn-Verbindung zwischen dem Neckar und Maine betreffend.

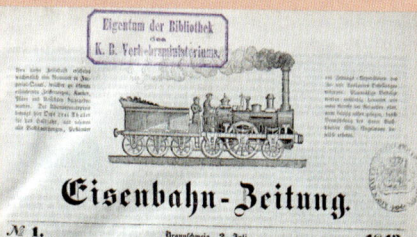

Deutsche Bahn Museum Nürnberg in der Lessingstraße – Stefan Friesenegger

Erstes Exemplar der „Eisenbahn-Zeitung" aus dem Jahr 1843 im Original – Stefan Friesenegger/Exponat Deutsche Bahn Museum Nürnberg/Bibliothek

Deutsche Bahn Museum Nürnberg, Bibliothek – Stefan Friesenegger

Nach letzter Renovierung wieder wie früher!

Nach der letzten Renovierung erstrahlt der zweite Raum der Bibliothek wieder exakt im gleichen Glanz wie im Jahr 1920! Alles wurde so hergerichtet, wie es einmal war. Nur ein Globus ist aus der Bibliothek in das Archiv gewandert, eine Uhr wurde an der Empore angebracht und der kleine Kronleuchter musste einer stärkeren Leuchte weichen. Selbst die Bestuhlung ist im Original erhalten.

Die Decke im ersten Raum der Bibliothek empfängt den Besucher mit der wunderschönen Originalholztäfelung des Königssaals aus dem ehemaligen Hauptbahnhof in München.

Das Bildgedächtnis der Bahn

Neben der Bibliothek beherbergt das Gebäude der Deutschen Bahn AG in Nürnberg auch noch Sammlungen von etwa 1.500 Einzelplakaten der Deutschen Bundesbahn und rund 18.000 Plakaten zur internationalen Verkehrs- und Eisenbahngeschichte, die immer wieder für Ausstellungen verwendet werden. Auch die Fotosammlung des DB Museums in Nürnberg und der Historischen Sammlung in Berlin, die aus über einer Million Einzelstücken besteht, darunter Negative, Dias und Originalfotos, von denen ein Teil bis ins 19. Jahrhundert zurückreicht, ist hier untergebracht. Sie bildet sozusagen das Bildgedächtnis der Bahn. Darüber hinaus findet der Besucher eine umfangreiche Grafiksammlung von mehr als 70.000 Einzelstücken, bestehend aus Werbeplakaten der Bahn, allgemeinen Zeichnungen, technischen Zeichnungen von Eisenbahnfahrzeugen, Zugbildungsplänen, Aushangfahrplänen, Karten und Plakaten.

72

Wechselvolle Bahngeschichte

Augsburg – München als „Fernreise"

Am 7. Dezember 1835 fand die erste kommerzielle Bahnfahrt in Deutschland statt. Nur wenige Jahre später, am 4. Oktober 1840, wurde die erste Verkehrsachse für Fernreisen zwischen München und Augsburg eröffnet. Bis heute ist sie eine wesentliche Eisenbahnstrecke und eine überregionale Hauptschlagader. Über diese Magistrale werden die europäischen Metropolen Paris und Budapest verbunden.

Privat oder in Staatshand – eine offene Frage

Die von Privathand geführte München-Augsburger-Eisenbahngesellschaft errichtete die Bahnstrecke. 1840 war sie fertiggestellt und konnte ihren Betrieb aufnehmen. Rund zweieinhalb Stunden benötigte der erste Zug für die Strecke von etwa 60 Kilometern. Die Eisenbahnstrecke München – Augsburg wurde nur wenige Jahre später an das Königreich Bayern verkauft und Teil der staatlichen Maximilians-Bahn. Zu dieser Zeit befanden sich die meisten Eisenbahngesellschaften und deren Strecken noch im Besitz von privaten Gesellschaften. Die Eisenbahn wurde damals dominierendes Verkehrsmittel – nicht nur, aber auch in Deutschland.

Anfang des 20. Jahrhunderts konnte auf der Strecke München – Augsburg ein Weltrekord von einer bei der Münchner Firma Maffei gebauten Dampflok erzielt werden, bei dem es lange Jahre blieb. Im Jahr 1977 wurde der Abschnitt zwischen München-Lochhausen und Augsburg-Hochzoll für den fahrplanmäßigen Betrieb von Geschwindigkeiten bis zu 200 km/h zugelassen und auf der geschichtsträchtigen Bahnstrecke fanden Erprobungen zu neuen Zugsicherungssystemen statt. Heute ist diese Strecke viergleisig ausgebaut.

Wussten Sie schon?

Für den Betrieb dieser Eisenbahnstrecke wurde der erste Bahnhof in Augsburg errichtet. Nur sechs Jahre später wurde der Haltepunkt an die Stelle des heutigen Hauptbahnhofes verlegt. Glücklicherweise ist die alte Bahnhofshalle unter Denkmalschutz gestellt worden und konnte so die Zeit überstehen. Heute ist sie Mittelteil des Straßenbahn-Betriebshofes Rotes Tor. Das Gebälk und die Rundbögen am Bau sind noch im Original erhalten.

Weltrekord: über 1.000 Folgen

73

Die Eisenbahn hat einen festen Platz im Fernsehen!

Seit vielen Jahren ist die Eisenbahn auch im Fernsehen zu Hause. Im April 2016 feierte die Sendung des SWR mit dem Titel „Eisenbahn-Romantik" ihr 25-jähriges Bestehen. Aktuell sind bereits über 1.000 Folgen ausgestrahlt worden – das ist Weltrekord für eine Sendung mit einem solchen Spezialgebiet! Die Übertragung startete nur als Pausenfüller mit elf Folgen im Jahr 1991. Dabei sollte es jedoch nicht bleiben. „Eisenbahn-Romantik" wurde vom Publikum derart gut angenommen, dass sie fortgeführt und bald jede Woche ausgestrahlt wurde. Aus ein paar Aufzeichnungen wurde die beliebte Sendereihe.

Titellokomotive aus der Maschinenfabrik Esslingen

Die Reihe ist eine Fernsehsendung des Südwestrundfunks und zu einem Markenzeichen geworden. Sie bringt informative Reportagen rund um die Eisenbahn, nahezu aus jedem Land dieser Erde: Sendungen von Museen, Museums-, Privat- oder Modelleisenbahnen, Aufnahmen von Eisenbahn-Amateurfilmern werden regelmäßig gezeigt, hin und wieder auch als Sondersendungen mit längerer Sendedauer. Die Sendereihe wird unter anderem auch von arte, MDR, NDR, RBB und 3sat ausgestrahlt. „Eisenbahn-Romantik" hat seit 1994 einen festen, halbstündigen Sendeplatz. Seit 2013 wird die Sendung montags bis freitags ausgestrahlt. Die zu Beginn und manchmal am Ende der Sendung eingespielte Melodie ist ein Lied von Les Brown mit dem Titel „Sentimental Journey". Die Titellokomotive mit der Betriebsnummer 99 633 ist seit

Etwas zum Schmunzeln …

So manches geht in einer Sendung daneben. Während der Aufnahmen ereigneten sich allerdings auch Dinge, die man keinem wünscht, aber einen doch zum Lachen bringen. Bei Dreharbeiten auf einem Freigelände wollte ein Schwein Herrn von Ortloff bei einer Moderation ins Knie beißen. In einem anderen Fall warf Herr von Ortloff einen Bumerang sehr gekonnt von sich, drehte sich wieder zur Kamera, um etwas sagen, wurde aber vom wiederkehrenden Bumerang ziemlich heftig am Kopf getroffen. Touché!

Aus der Titelsequenz – SWR/Eisenbahn-Romantik

Anbeginn der Sendung im Vorspann zu sehen. Es handelt sich hierbei um eine der ersten Neukonstruktionen des deutschen Ingenieurs Eugen Kittel, 1899 gebaut in der Maschinenfabrik Esslingen. Sie befindet sich heute in Ochsenhausen. Aktuell liegt die durchschnittliche Einschaltquote etwa bei einer Million Zuschauer. Nahezu 20.000 Fans haben den Internet-Newsletter abonniert. Aufgrund der vielen Liebhaber der Sendung wurde ein Eisenbahn-Romantik-Club gegründet.

Das Gesicht der Sendung

Von Anfang an moderierte Hagen von Ortloff die Sendung. Der im Mai 1949 in Zwickau geborene von Ortloff hatte bereits seit seiner frühesten Kindheit einen Traum: Er wollte Dampflokomotivführer werden! Hagen von Ortloff hat inzwischen seinen Ruhestand angetreten. Die Redaktionsleitung wurde an Harald Kirchner übertragen.

Hagen von Ortloff
SWR/Eisenbahn-Romantik

So ging es los

Der Adler, erster Personen- und Güterverkehr mit der Bahn

74

Am 7. Dezember 1835 fand die erste offizielle Fahrt mit der Lokomotive „Adler" statt. Bereits im Jahr 1816 hatte bei ersten Fahrten ein betriebsfähiger Dampfwagen zwar einen beladenen Wagen gezogen, dieser Probeeinsatz eines rein „experimentellen" Fahrzeugs war aber im Ergebnis sehr unbefriedigend. Richtig „losgehen" sollte es erst einige Jahre später, als man sich für die Strecke zwischen Nürnberg und Fürth nach einer geeigneten Zugmaschine umsah.

Fuß ist nicht gleich Fuß …

Die gewünschte Lokomotive sollte die Strecke in maximal zehn Minuten bewältigen und ein Gewicht von bis zu zehn Tonnen ziehen können. Für diese Leistung musste sie ein entsprechendes Gewicht auf die Schienen bringen. Aufgrund des damals hohen Kohlepreises musste die Lok zudem mit Holzkohle beheizbar sein. Am Ende entschied man sich für die Maschine von der (wie es auf Lokschildern stand) Firma Robt Stephenson and Compy. Im Rahmen des Auftrages wurden zu der Lokomotive ein Schlepptender und zwei Rahmengestelle für einen Güter- und einen Personenwagen bestellt, deren Einzelteile in Nürnberg zusammengesetzt wurden. Nur waren die Maße des englischen und des bayerischen Fußes unterschiedlich. Infolgedessen musste der Abstand der bereits verlegten Schienen der Bayerischen Ludwigsbahn zwischen Nürnberg und Fürth nochmals angepasst werden. Nach mehreren Testfahren mit unterschiedlichen Geschwindigkeiten fand dann die erste offizielle Fahrt am 7. Dezember 1835 mit Ehrengästen auf der 6,05 Kilometer langen Strecke statt. Damit war der (englische) „Adler" das erste Eisenbahnfahrzeug, mit dem Personen und

Haben Sie das gewusst?

Bei Umbauarbeiten im Münchner Maximilianeum wurde ein etwa 140 Jahre altes Modell des Adlers in einer Glasvitrine ans Tageslicht befördert. Das vollständig aus Metall gefertigte Modell ist knapp einen Meter lang. König Maximilian II. von Bayern ließ dieses Modell zur Grundsteinlegung des Maximilianeums anfertigen.

Ein Nachbau des Adlers im Bahnhof von Fürth – Deutsche Bahn AG / Martin Busbach

bald darauf auch Güter erfolgreich in Deutschland transportiert wurden. Der erste Frachttransport fand am 11. Juni 1836 statt. Zwei Fässer Bier der alteingesessenen Traditionsbrauerei Lederer in Nürnberg wurden zu je sechs Kreuzern von Nürnberg nach Fürth transportiert. Im Jahr 1857 wurde die Lokomotive außer Dienst gestellt und kurz darauf verschrottet.

Schwerer Brand in Außenstelle des DB Museums

Bereits im frühen 20. Jahrhundert war eine Rekonstruktion des Adlers geplant. 1935 konnte ein weitgehend originalgetreuer Nachbau von der Deutschen Reichsbahn im Ausbesserungswerk Kaiserslautern hergestellt und in das Verkehrsmuseum Nürnberg überstellt werden. Durch einen Großbrand am 17. Oktober 2005 brannte dieser einzige funktionstüchtige Nachbau der Lokomotive Adler aus. Es wurde beschlossen, die Trümmer zu bergen und einen Wiederaufbau zu bewerkstelligen. Im Jahr 2007 war die betriebsfähige Rekonstruktion, deren Kosten sich auf knapp eine Million Euro beliefen, fertiggestellt. Sie ist nun wieder im DB Museum Nürnberg ausgestellt. Ein weiteres, nicht betriebsfähiges Exemplar steht ebenfalls im DB Museum in Nürnberg. Wer noch heute mit dem Adler fahren will, kann dies im Nürnberger Tiergarten tun! Anfang der 1960er-Jahre wurde in der Lehrwerkstatt der MAN ein Adler im Maßstab 1:2 nachgebaut.

Unter Volldampf bis heute

75

Die 01, die bis dahin stärkste Schnellzug-Lokomotive

In den 1920er-Jahren bestand der Lokomotivpark im Deutschen Reich aus über 200 unterschiedlichen Gattungen und Baureihen. Hinzu kamen noch zahlreiche Untergattungen. Für die Deutsche Reichsbahn Gesellschaft war es eine vordringliche Aufgabe, eine Harmonisierung des Lokomotivbestandes herbeizuführen. Dazu legte sie ein Programm für den Bau von Einheitslokomotiven auf. Die erste nach dem Einheitsprogramm beschaffte Lokomotive war die Baureihe 01, die damals stärkste Schnellzugdampflok in Deutschland. Die Firmen Borsig und die AEG waren 1925 Lieferanten der ersten Stunde. In Folge lieferten aber auch weitere Unternehmen diese Lokomotiven bis in das Jahr 1938 aus. Beginnend mit der Betriebsnummer 01 102 wurden anstelle der 850 Millimeter großen vorderen Laufräder die größeren mit

01 150 bei Bibra mit Sonderzug unterwegs – Deutsche Bahn AG / Waltraud Weber

1.000 Millimter Durchmesser eingesetzt. Dadurch konnte eine größere Laufruhe erzielt werden. Um hohe Geschwindigkeiten zu erzielen, wurden Treibräder mit einem Durchmesser von 2.000 Millimetern verwendet.

Zu mächtig für Deutschlands Schienennetz

Die anfängliche Maximalgeschwindigkeit betrug 120 km/h. Damit sie sich auf deutschen Schienen erst richtig entfalten konnte, musste am Streckennetz und an den für die Dampflokomotiven so wichtigen Drehscheiben etwas geändert werden. Das Schienennetz war größtenteils noch nicht für einen derart hohen Achsdruck ausgelegt. Die Drehscheiben waren zu kurz, um die Lokomotiven mit ihrer Gesamtlänge über Puffer von rund 24 Metern drehen zu können. Aus diesem Grunde wurden die ersten Exemplare mit einem kürzeren Schlepptender ausgeliefert. Die wirkliche Zeit der Baureihe 01 kam erst mit Beginn der Dreißigerjahre. Sie brillierte vor allem durch die große Leistung, ihre Zuverlässigkeit aber auch durch den niedrigen Kohlenverbrauch.

Über die Jahre ihres Einsatzes wurden immer wieder Weiterentwicklungen durchgeführt. Zur Verbesserung der Sicht auf die Strecke wurden die Luft- und Speisepumpen versetzt. Mit der Verstärkung der Bremsen durch eine beiderseitige Anordnung der Bremsklötze konnte die Maximalgeschwindigkeit auf 130 km/h erhöht werden. Auch die großen Windleitbleche, die „Elefantenohren", wichen nach 1950 den kleineren Witte-Windleitblechen. Die Leistung konnte im Laufe der Weiterentwicklung von 1.647 kW auf 1.816 kW erhöht werden. Die Maximalgeschwindigkeit betrug zuletzt 140 km/h.

Ein großer Abschied für die Nummer 01

Bis 1973 standen die Lokomotiven der Baureihe 01 im Dienst der Deutschen Bundesbahn. In Hof/Saale in Oberfranken waren die letzten der legendären Lokomotiven stationiert und wurden mit mehreren Abschiedsfahrten, unter anderem auch über die berühmte Schiefe Ebene, verabschiedet und dann außer Dienst gestellt. In Summe waren 240 dieser Lokomotiven im Regeldienst eingesetzt.

Eine Besonderheit stellt die bei Krupp gebaute Baureihe 01 118 dar. Seit ihrer Inbetriebnahme im Jahr 1934 ist ihr Erscheinungsbild bis an den heutigen Tag nahezu vollständig erhalten geblieben. Noch immer betriebsfähig, ist sie heute beim Verein Historische Eisenbahn Frankfurt (Main) beheimatet. Von dort ist die rund 80 Jahre alte Lok für Museumsfahrten innerhalb Deutschlands im Einsatz. Insgesamt sollen noch 18 dieser großartigen Lokomotiven betriebsbereit zur Verfügung stehen.

Dampflok im Kriegseinsatz

Dutzendware Kriegslok

76

Der Zweite Weltkrieg und die Eisenbahn haben leider auch eine gemeinsame Geschichte. Die Kriegsmaschinerie trieb den Lokomotivbau an, die Eisenbahn beförderte Truppen und Kriegsmaterial an die entsprechenden Einsatzorte, sie deportierte Menschen und war fest in die Logistik des Völkermords eingebunden.

Mit der Baureihe 52 entstand in der Ära der Deutschen Reichsbahn eine der bekanntesten Lokomotiven des Krieges.

Im Jahr 1942 lieferte die Firma Borsig die erste der fünffach gekoppelten deutschen Kriegslokomotiven der Baureihe 52 aus. Mehr als 15.000 Stück waren ursprünglich geplant, die tatsächlich gebaute Stückzahl ist leider nicht überliefert, über 7.000 Exemplare sollen es aber gewesen sein. Diese Lokomotive sollte besonders robust sein und eine hohe Standzeit haben. Ihre Achslast durfte nicht über 15 Tonnen liegen, aber sie musste dennoch in der Lage sein, einen Zug mit einem Gewicht von 1.200 Tonnen auf ebener Strecke ziehen zu können. Diese Anforderungen erreichte die Bauart 52 und erzielte dabei eine zulässige Höchstgeschwindigkeit von 80 km/h.

Der Krieg macht erfinderisch

Der Krieg forderte immer weiteres Material, vor allem Kriegswaffen. Zur Steigerung der Effizienz wurde ein Zusammenschluss der deutschen Herstellerfirmen für Lokomotiven von Seiten der Reichsregierung beschlossen. Dieser GGL, Gemeinschaft Großdeutscher Lokomotivhersteller, sollte es gelingen, die große Nachfrage, gerade im Hinblick auf den Krieg gegen die Sowjetunion, zu erfüllen. Unterschiedlichen Quellen ist zu entnehmen, dass im Kriegsjahr 1943 durch Werke der GGL an nur einem Tag 51 Lokomotiven der Baureihe 52 hergestellt worden sind.

Der erste geschlossene Führerstand einer Dampflok

Durch die kriegsbedingten Einsparungen beim Bau der Lokomotiven wurden unzählige Veränderungen vorgenommen, in deren Folge es unter anderem zu schlechteren Leerlaufeigenschaften kam. Auch der Versuch, auf Windleitbleche zu verzichten, bewährte sich nicht. Aus diesen produktionsbedingten Anpassungen erhielt die Baureihe 52 unterschiedliche Gesichter. Die harten Kriegswinter und der Mangel an Drehscheiben führ-

52 8177-9 unter Dampf auf einer Museumsfahrt – Frank Paukstat

ten dazu, die Lokomotiven mit einem geschlossenen Führerstand zu versehen. Zwischen dem Tender und der Lokomotive wurde ein Faltenbalg angebracht, um den kalten Fahrtwind abzuhalten. Die Baureihe 52 war damit die erste Dampflokomotive mit einem nahezu vollständig geschlossenen Führerstand.

Auch nach der Ausmusterung gibt es noch Aufgaben

Nach dem Krieg waren diese Lokomotiven auch im nahe gelegenen Ausland und natürlich in Deutschland im Rahmen des Wiederaufbaus lange Jahre unermüdlich im Einsatz. Die letzte Maschine der Baureihe 52 wurde um 1950 produziert und ausgeliefert. Knapp 700 Lokomotiven der Baureihe 52 wurden in den Bestand der noch jungen Deutschen Bundesbahn übernommen. Die Ausmusterung der letzten ihrer Gattung erfolgte im Jahr 1962 bei der DB, bei der DR im Jahr 1988. Die Zweizylinder-Maschinen hatten eine Dienstmasse von knapp 103 Tonnen und leisteten etwa 1.192 kW. Ende der 1960er-Jahre wurden Kessel ausgemusterter Kriegsloks der Reihe 52 bei Güterzuglokomotiven der Reihe 50 weiterverwendet.

Die Schönste unter Dampf

Der „Bubikopf" – nicht nur ein modischer Damenhaarschnitt

77

Mitte der 1920er-Jahre begann die Entwicklung der Baureihe 64, die vielerorts „Bubikopf" genannt wird. Dabei hat sie nichts mit dem Damenhaarschnitt zu tun. Sie ist das Ergebnis der Suche der Deutschen Reichsbahn nach Einheitslokomotiven. Im vorliegenden Fall wurde nach einer Tenderlokomotive mit niedriger Achslast gesucht.

Die Baureihe 64 sollte hauptsächlich auf Nebenbahnen Personen- und gemischte Züge befördern. Auch leichte Züge auf Hauptbahnstrecken und im Nahverkehr, für die am Zielbahnhof keine Möglichkeit bestand, die Lokomotive zu drehen, standen im Lastenheft. Daher waren gute Fahreigenschaften in beiden Richtungen Voraussetzung. Ihre Herstellung endete im Jahr 1940. Von den Anfang der 1970er-Jahre ausgemusterten Maschinen sind die meisten noch bei Museumsbahnen unter Dampf. Viele Dampffreunde kürten diese Lokomotive als die schönste Dampflok in dieser Klasse.

Eine wirkliche Schönheit: Der Bubikopf – Helmut Dimitroff

78

Die kleine Große

Die DR-Baureihe 80, klein und unverwüstlich!

Ab 1927 wurde die Baureihe 80 an die Deutsche Reichsbahn ausgeliefert. Nur zwei Jahre lang wurde diese Tenderlokomotive gebaut. Das Ergebnis waren 39 Stück der 54,4 Tonnen schweren Lokomotive. Ihre Höchstgeschwindigkeit lag bei 45 km/h. Diese Lokomotive, die hauptsächlich an den großen Personenbahnhöfen in Leipzig und Köln im Einsatz war, wurde von den Firmen Jung, Union, Wolf und Hohenzollern hergestellt. Nach dem Zweiten Weltkrieg blieb die Mehrzahl der Baureihe 80 im Raum Leipzig. 16 Maschinen kamen zur Bundesbahn und wurden 1965 ausgemustert.

Extrem robust und haltbar!

Die nur 9.670 Millimeter lange Lokomotive ist mit einem Barrenrahmen mit Wangen von einer Stärke von 70 Millimetern ausgestattet. Diese Lokomotiven können Züge mit einem Gewicht von rund 900 Tonnen auf ebenem Gelände ziehen und selbst bei einer Steigung von 25 Promille noch einen Zug von 140 Tonnen. Heute sind noch sieben dieser Maschinen erhalten.

80 009 als Museumslok unter Dampf – Werner Brutzer

Klein, aber oho

Die Köf und ihre Leistungsgruppen

79

Die robusten Kleinlokomotiven mit geringer Masse und Leistung wurden für den leichten Rangierbetrieb in Dienst gestellt. Ab dem Jahr 1932 wurde die leicht bedienbare Köf II neben der schwächeren Köf I – später Baureihe 311 – in den Dienst der Deutschen Reichsbahn gestellt, um auf kleineren Bahnhöfen den Rangierdienst zu übernehmen.

Dank geringer Bauhöhe transportierbar

In den meisten Fällen wurden Kleinloks von einem Dieselmotor angetrieben, einige mit einem Benzolmotor und für bestimmte Zwecke mit Elektromotor über Batterien. Von diesen Antriebsformen stammt auch die Bezeichnung der Kleinlokomotive: Kö als Öl- bzw. Dieselöllokomotive, Kb als mit Benzol betriebene Lokomotive. Die ab 1968 als Baureihe 321, 322, 323 und 324 bezeichneten Maschinen übernahmen in den Jahren 1952, 1954 und 1959 den Dienst. Ist in den Namensgebungen noch ein „f" enthalten, so steht dies für ein Flüssigkeitsgetriebe, ohne „f" hat die Lok ein Schaltgetriebe. Die anfänglich meist noch schwarz lackierten Lokomotiven waren später nur noch im DB-typischen Rot in offener, ab den 1950er-Jahren als Umbau in der sogenannten Winterausführung, also geschlossen zu sehen. Die sehr kleine Lokomotive konnte durch ihre geringe Bauhöhe auch gut auf Flachwagen verladen und transportiert werden. Bei einer Maximalgeschwindigkeit von 30 km/h hätte eine Fahrt in einen anderen Bahnhof zu lange gedauert und den Bahnverkehr behindert. Aufgrund ihrer leichten Bauart und der geringen Größe trug sie den Spitznamen „Tretroller".

Die Kleine ist noch heute im Dienst!

Diese kleinen Diesellokomotiven mit Kettenantrieb wurden von unterschiedlichen Herstellern serienmäßig gebaut. Die Unterscheidung erfolgte in Leistungsgruppen: LG I bis 50 PS, LG II bis 150 PS. In späteren Jahren wurden die Lokomotiven mit stärkeren Druckluftbremsen nachgerüstet. Dies ist an dem quer über dem Vorbau liegenden Druckluftbehälter erkennbar. Die Bedienung dieser Lokomotiven kann auf beiden Seiten des Führerstandes erfolgen. Etwa 1.200 der 17 Tonnen leichten Lokomotiven der LG II wurden an private Firmen oder Staatsbahnen verkauft, wo sie noch heute in vielen Fällen ihren Dienst verrichten.

Köf II in der sogenannten Winterausführung – Armin Schwarz

Ab Mitte der 1960er-Jahre wurde für die Deutsche Bundesbahn die neue und vor allem stärkere Baureihe, die Köf III, entwickelt. Die ab 1959 erstmalig gebaute Kleinlokomotive ist eine hydraulisch mit Gelenkwellen angetriebene Lokomotive. Sie verfügt über 176 kW, kann Geschwindigkeiten bis zu 45 km/h erreichen und damit auch leichte Arbeitszüge bedienen. Ihr Eigengewicht beträgt nun 24,2 Tonnen. Loks diesen Typs sind bis heute bei der DB AG im Einsatz. Ab 1968 kam noch die modifizierte Baureihe 335 hinzu.

Wussten Sie schon?

Grundsätzlich sind bei der Deutschen Bahn AG die Lokomotiven der Köf-Leistungsgruppe III als sogenannte Kleinlok eingestuft. Ab 1987 wurden auch V60-Lokomotiven der Baureihen 260 bzw. 261 als Kleinlok eingestuft und zur Baureihe 360 bzw. 361 degradiert. Damit mussten keine ausgebildeten Lokomotivführer mehr eingestellt werden. Jetzt reichten „Kleinlokbediener", die in ihrer Ausbildung und im Salär für die Bahn günstiger sind.

Die dienstälteste Lokomotive

1957 bis heute – sie fährt noch munter!

80

Für den unwirtschaftlichen, leichten und mittelschweren Rangierbetrieb mit Dampflokomotiven sollte ein Ersatz gefunden werden. Im Jahr 1955 wurden den Betriebswerken in Nürnberg und Hamburg vier Prototypen der neuen Lokomotive V60 zugeteilt.

In der Serienlok ab 1956 verrichtet ein Maybach-Motor mit zwölf Zylindern und einer Leistung von 478 kW seinen Dienst. Insgesamt wurden knapp 950 dieser Maschinen in den Einsatz übernommen. Die V60 wurde hauptsächlich von den Firmen MaK, Krupp und Henschel geliefert. Mit ihrem Dreiganggetriebe und einem Dienstgewicht von knapp 50 Tonnen erreicht sie eine Höchstgeschwindigkeit im Rangierbetrieb von 30 km/h und im Streckenbetrieb von 60 km/h. Ihr Einsatz war nicht nur auf den Rangierdienst beschränkt. Auch Fahrten im leichten Personen- und Güterverkehr beinhaltete ihr Aufgabengebiet. Die älteste im Einsatz befindliche, heute als Baureihe 362 bzw. 363 bezeichnete Lok ist mittlerweile rund 60 Jahre im aktiven Dienst.

Die V60 in ihrer ursprünglichen Lackierung – Armin Schwarz

Die Rekordhalterin

81

Die V100 – ein Allroundgenie

1956 begannen die Arbeiten am ersten Modell der V100. Mit den vielen technischen Neuerungen, die bereits bei ihrem Vorgängermodell V80 erprobt wurden, sollte sie kostengünstiger werden und eine höhere Achslast auf die Schiene bringen.

Bei der Planung sollte aus der Baureihenbezeichnung V100 hervorgehen, dass diese Lok 1.000 PS stark ist. Tatsächlich war die Leistung aber höher. 1961 wurde die erste Serienlokomotive ausgeliefert. Später wurden bei einigen Lokomotiven die Motoren gegen noch leistungsstärkere ausgetauscht. Damit wurde aus den ersten V100 die Baureihe 211 und aus den stärkeren mit 1.350 PS die Baureihe 212. Die Zwölfzylinder-V-Motoren wurden hauptsächlich von MaK in Kiel, MAN und Daimler-Benz in Stuttgart geliefert. Mit knapp über 60 Tonnen erreichte sie eine Höchstgeschwindigkeit von 65 km/h im Langsam- und 100 km/h im Schnellgang. Im August 1966 wurde die letzte der legendären V100-Lokomotiven ausgeliefert. 745 Maschinen waren im Einsatz.

Noch heute im Einsatz: die V100 – Frank Paukstat

Dieselstärke in den 1950ern

Lady in Red – die DB-Baureihe V200

82

Über Geschmack lässt sich bekanntlich streiten, aber bei ihr sind sich wohl die meisten Eisenbahnliebhaber einig: Sie ist eine Schönheit. Wo sie auftauchte, blieben die Menschen stehen und sie wurde von allen bewundert: die V200 der Deutschen Bundesbahn.

In der Baureihe V200 spiegelte sich die Dynamik der 1950er-Jahre wider, wie es auch beim VW-Bulli T1 und vielen anderen Fahrzeugen der Fall war. Die erste V200-Streckenlokomotive mit Dieselantrieb der Deutschen Bundesbahn wurde als Vorserienlokomotive unter der Bezeichnung V200 001 auf der Verkehrsausstellung in München vorgestellt und mit vier weiteren Lokomotiven V200 002 bis 005 im Jahr 1953 ausgeliefert. Ab dem Jahr 1968 wurden die Serienlokomotiven, als Baureihe 220 bzw. 221 bezeichnet, ausgeliefert. Insgesamt wurden von den dieselhydraulischen Lokomotiven noch weitere 81 Stück beschafft. Die beiden Zwölfzylinder-Motoren leisteten nun-

Elegante Erscheinung: V200 vor Formsignal – Martin Morkowsky

mehr zusammen 1.618 kW und damit 2.200 PS. Die Lokomotiven wurden zunächst bei MaK, der Maschinenbau Kiel, und dann bei Krauss-Maffei in München gebaut. Mit ihrer technischen Ausstattung passten sie hervorragend in das bundesdeutsche Diesellokkonzept. Hier sind Strecken-Diesellokomotiven meist dieselhydraulisch und vierachsig.

Elegant, groß und stark

Die V200 war in elegantem Purpurrot, der Lokrahmen und der Fenster- und Lüfterbereich in Schwarzgrau gehalten. Dieser zog sich in V-Form an den beiden Stirnseiten nach unten. Insgesamt wurden die Lokomotiven durch elegante Aluminiumstreifen über dem Lokrahmen und unter dem Fensterbereich gestreckt. Die beiderseits seitlich angebrachten, ebenfalls in Aluminium gehaltenen Schriftzüge „DEUTSCHE BUNDESBAHN" rundeten das Erscheinungsbild ab. Dieser Schriftzug entfiel jedoch leider nach Einführung des DB-Zeichens. Mit ihren zwei schnell laufenden V12-Dieselmotoren von Maybach oder Daimler-Benz mit hydraulischer Kraftübertragung erreichte sie eine Höchstgeschwindigkeit von 140 km/h. Die Konstruktion der Getriebe und der Motoren war so gestaltet, dass sie auch mit denen einer V100, der V80, aber auch einigen Dieseltriebwagen ausgetauscht werden konnten. Bis zu drei Lokomotiven konnten gemeinsam gesteuert werden. Die V200 zog in erster Linie Schnellzüge auf allen wichtigen Hauptstrecken in Deutschland. Die Maschinen wurden jedoch durch die zunehmende Elektrifizierung schnell verdrängt und schlussendlich nur noch für Nahverkehrs- und Güterzüge eingesetzt. Im Jahr 1979 lief die Beschaffung von Strecken-Diesellokomotiven bei der Bundesbahn aus. Die letzte V200 wurde im Jahr 1984 aus dem Dienst genommen und ausgemustert. Viele der Lokomotiven wurden günstig ins Ausland verkauft und verrichteten dort noch lange Jahre zuverlässig ihren Dienst. Die letzten der V200-Lokomotiven sind noch in einigen Museen in Deutschland zu bestaunen – es gibt glücklicherweise auch noch betriebsfähige Exemplare.

Wussten Sie schon?

Die Konstruktion der Baureihe V100 begann etwa zeitgleich. Die Baureihe V200 wurde aber aufgrund ihrer Notwendigkeit im deutschen Streckennetz dringender benötigt und vorgezogen. Ein Gehäuse, welches der späteren Baureihe V100 schon sehr ähnelte, stand bereits in der Fertigungshalle der V200.

Jede Menge Dieselpower

Die Baureihe 233, Kraftprotz aus Russland

83

Die ehemalige DDR importierte in den frühen 1970er-Jahren für ihren Personen- als auch für den Güterverkehr aus der damaligen UdSSR Diesellokomotiven, die als Baumuster V300 zusammengefasst wurden. Darunter befanden sich unterschiedliche Typen, unter anderem auch die heutige Baureihe 233.

Die Eisenbahn trug die Hauptlast des Güterverkehrs in der DDR. Eine durchgängige Elektrifizierung des gesamten Streckennetzes war nicht vorhanden. Gerade das Streckennetz nördlich von Dresden und Dessau war oberleitungsfrei. Auch lange nachdem sich in der Bundesrepublik die Lokomotiven das Rauchen abgewöhnt hatten, zogen hier noch Dampfrösser die Züge. Aus der Sowjetunion wurde die Sicherheit vermittelt, dass

Güterzug mit Diesellok Baureihe 233 zwischen Nürnberg und Rückersdorf –
Deutsche Bahn AG/Claus Weber

stets ausreichend preiswertes Erdöl zur Verfügungen stünde, sodass in den 1960er-Jahren die Entscheidung getroffen wurde, Diesellokomotiven anzuschaffen, anstatt die Strecken zu elektrifizieren. Nach einigen Versuchsmustern aus der Sowjetunion orderte die DR Anfang der 1970er-Jahre eine größere Anzahl der sechsachsigen Diesellokomotiven, die eine Höchstgeschwindigkeit von 120 km/h erreichten.

Übernahme der Maschinen nach dem Mauerfall

Nach der deutschen Wiedervereinigung und der Gründung der DB AG stand eine Typenbereinigung an. Viele ehemalige Reichsbahn-Baureihen wurden ausgemustert. Nicht jedoch diese Diesellokomotiven. Mit Beginn der 1990er-Jahre wurde begonnen, die Lokomotiven zu modernisieren. Die verschlissenen Motoren wurden ausgetauscht und viele weitere Anpassungen vorgenommen. Die neu eingebauten Motoren haben zwölf Zylinder mit Zylindergruppen-Abschaltung und einem höheren Ladedruck. Die bisherigen Ordnungsnummern wurden bei den umgebauten Lokomotiven beibehalten. Die bereits in der ehemaligen DDR im Volksmund als „Ludmilla" bezeichneten dieselelektrischen Lokomotiven erhielten nunmehr die Baureihen-Bezeichnung 233 und sind nach wie vor bei der Deutschen Bahn im Einsatz. Ihre Leistung beträgt 2.600 kW bei 1.000 U/min. Das klingt zunächst für eine 124 Tonnen schwere Lokomotive schmalbrüstig, das wäre aber der falsche Eindruck.

Dieselhydraulik oder Dieselelektrik?

Die dieselelektrische Antriebsart war und ist in Deutschland nicht sehr verbreitet. Hier wurde der dieselhydraulische Antrieb bevorzugt. Der Unterschied besteht vor allem darin, dass bei einem dieselelektrischen Antrieb der Dieselmotor nicht der Fahrmotor ist. Er treibt vielmehr einen Generator an, über den elektrischer Strom für die Elektro-Fahrmotoren erzeugt wird. Beim dieselhydraulischen Antrieb ist der Dieselmotor der Fahrmotor. Seine Energie wird durch ein hydraulisches Getriebe auf die Antriebsachsen übertragen. Aussagen zufolge gilt diese Diesellokomotive als die stärkste Europas, zumindest aber Deutschlands. Ihr Spitzname „Ludmilla" stammt aus dem Volksmund, dem im Übrigen auch Namen wie „Russe", „Steppenwolf", „Staubsauger" und einige andere zu verdanken sind. Übrigens: Der letzte Umbau einer 232 zu einer Baureihe 233 wurde Ende 2003 abgeschlossen und an die DB Railion übergeben. Damit sind jedoch noch lange nicht alle alten Maschinen umgebaut bzw. modernisiert – aber auch nicht verschrottet.

Noch heute ein Vorbild!

Die stärkste E-Lok Deutschlands

84

Die Vorserienlok der Baureihe E 03 ist eine schwere sechsachsige Elektrolokomotive der Deutschen Bundesbahn, deren Wurzeln in die 1950er-Jahre zurückreichen. Bereits zu dieser Zeit liefen Planungen, die Reisegeschwindigkeit der Fernzüge über die damals übliche Maximalgeschwindigkeit von 160 km/h zu erhöhen.

Die für den schnellen Reisezugverkehr gebaute Baureihe ist wohl die bekannteste in Deutschland und war einst das Flaggschiff und Paradepferd der DB. Im Jahr 1965 traten vier Exemplare ihren Dienst bei der DB an, wobei die E 03 002 die erste ausgelieferte Maschine war. 1968 wurden sie im Rahmen der Anpassung der Nomenklatur innerhalb der Deutschen Bundesbahn umbezeichnet und hießen dann 103 001 bis 103 004.

Für den Trans-Europ-Express geschaffen

Bis Mitte der Siebzigerjahre wurden die insgesamt 145 Serienlokomotiven als 103 101 bis 245 in den Betrieb übernommen. Die moderne Lokomotive wurde im Windkanal getestet und erhielt dadurch ihr elegantes und stromlinienförmiges Aussehen, was zum Leidwesen der Lokführer zu einem beengten Führerstand führte. Mit einer Dauerleistung von 7.440 kW und damit über 10.000 PS sind sie bis heute die leistungsstärksten je im Liniendienst der DB eingesetzten Lokomotiven. Durch die Leistungssteigerung der Serienlokomotive wurde eine zweite Reihe der Lüftergitter am seitlichen Gehäuse angebracht, was ihr Aussehen veränderte. Die anfangs auch für den Trans-Europ-Express vorgesehene Lokomotive war in den Ursprungsfarben in einem unverwechselbaren Purpurrot und Beige gehalten. Der Rahmen war schwarzgrau abgesetzt. Im Rahmen des neuen Farbkonzeptes der DB erhielten sie ab 1987 einen komplett orientroten Anstrich mit einem weißen „Lätzchen" an der Front.

Die schnellste Lokomotive Deutschlands

Im Laufe der Jahre wurden an den Loks immer wieder Verbesserungen vorgenommen. So wurden unter anderem die ursprünglichen Scherenstromabnehmer durch Einholm-Stromabnehmer ersetzt. Im Jahr 1985 stellte eine 103, deren Getriebe modifiziert war, einen Geschwindigkeitsrekord mit 283 km/h auf. Die angepasste Lokomotive erbrachte kurzzeitig eine Leistung von mehr als 10.000 kW und wurde im August 1993

Die Nummer „1" in Koblenz: E 03 001 – Jan-Frederik Knorrn

für einige Jahre die schnellste Lokomotive Deutschlands mit einer Spitzengeschwindigkeit von 310 km/h. Die regulären Lokomotiven waren für eine Höchstgeschwindigkeit von 250 km/h zugelassen.

Modern und schnell soll die Bahn sein

Mit Beginn der 1970er-Jahre war Deutschland im Umbruch. Die Bahn sollte schnell und modern sein. Komfortabel und bequem waren jedenfalls die Erste-Klasse-Züge der frühen IC-Verbindungen. Aber wirklich schnell? Die Bundesrepublik hatte damals das am stärksten veraltete Schienennetz aller Industrienationen Westeuropas. Bis 1977 galt nur eine Zulassung für Geschwindigkeiten bis maximal 160 km/h! Ab Mitte der 1990er-Jahre wurden die Nachfolgerin der 103, die Baureihe 101 in den Dienst gestellt und die Maschinen der Reihe 103 sukzessive ausgemustert. Die letztgebaute 103 mit der Nummer 103 245-7 steht seit August 2021 nach einer erneuten Untersuchung im AW Dessau dem DB Museum für Sonderzugeinsätze am Standort Koblenz-Lützel zur Verfügung.

Die Starke im Sonntagsanzug

Mit Elégance zum TEE

85

Eine Besonderheit stellt die Baureihe E 10[1], E 10[3] dar. Im Prinzip wurde die E 10 zweimal eingeführt. Zuerst im Jahr 1956 und dann im Jahr 1962. Die Dauerleistung von 3.620 kW bringt sie auf eine Geschwindigkeit von bis zu 166 km/h. Die beiden Drehgestelle mit je zwei Achsen werden insgesamt von vier Fahrmotoren angetrieben.

Bereits Anfang der 1950er-Jahre wurde die Beschaffung dieser Einheitslokomotiven als Grundtyp beschlossen. Einige Merkmale der bereits im Dienste stehenden Baureihen E 44 und E 94 sollten hier einfließen. Ihr vorrangiger Einsatz galt dem schweren Schnell- und Eilzugverkehr auf Hauptbahnen.

110 348-0 bei einer Lokparade in Koblenz – Jens Baumhauer

Die Metamorphose einer Lokomotive

Die elektrische Entwicklung lieferten die SSW. Bei Krauss-Maffei in München wurde der mechanische Teil für die Lokomotive hergestellt. Aber auch die Firmen Krupp, Henschel, BBC und die AEG waren beteiligt. Bei dieser Lokomotive wurden die Bleche nicht mehr genietet. Schweißen gestattete modernere Konstruktionen. Optisch unterscheiden sich die Lokomotiven der Bauart E 10 in drei verschiedene Modelle. Bei der Baureihe E 10^1 war der Kastenaufbau kantiger, die Front gerade und auf der Seitenfläche zwischen den Luftgittern befand sich ein Fenster. Der Durchmesser der Einzelleuchten war größer. Die der Baureihe E 10^2 waren kleiner, dafür wurden zwei übereinander als Spitzen- und als Schlusslicht angeordnet. Die dritte Form erhielt die Baureihen-Bezeichnung E 10^{12}. Ab der Betriebsnummer E 10 288 änderte sich die äußere Form der Baureihe E 10. Sie war der Formgebung der damaligen Zeit, aber auch der Aerodynamik angepasst. Unter den verkleideten Puffern wurde eine Schürze angebracht. Die seitlichen Lüftungsgitter sind als durchgehendes Band ohne Fenster gestaltet. Unverändert blieb die Lackierung. Der untere Bereich ist schwarzgrau, der Lokkasten selbst stahlblau, bei ein paar Exemplaren kobaltblau. Aufgrund ihrer in der Mitte der Stirnfläche verlaufenden Kante wurde sie auch „Bügelfalten-E 10" genannt. Bereits die Modelle der Vorserie erreichten eine Höchstgeschwindigkeit von etwa 200 km/h. Sie wurden bis 1979 ausgemustert.

Die Einsatzgebiete der E 10

Auch die Variante der Baureihe E 10^{12} leistete 3.620 kW, sie war für eine Höchstgeschwindigkeit von 160 km/h zugelassen. Sie sollte in erster Linie für Luxuszüge wie etwa den „Rheingold" eingesetzt werden. Daher war sie farblich in Weinrot und Beige den TEE-Zügen angeglichen. Technisch sowie elektrisch sind die Lokomotiven der Baureihen E 10^3 und der E 10^{12} nahezu identisch. Die Baureihe E 10^{12} galt als die schnellste ihrer Zeit in Deutschland neben der Baureihe 103.

Das Ende ist sichtbar

Mit einer weiteren Stufe der Bahnreform war das Ende der E 10 für den Fernverkehr abzusehen. Die stolze Baureihe musste zurück ins Glied und fuhr im neuen Farbschema mit weißem Lätzchen, später in Verkehrsrot im Nahverkehr. Die Ausmusterung erfolgte ab 2001. Im Jahr 2011 war die Mehrzahl der Maschinen der Baureihe 110 aus dem Dienst genommen und verschrottet.

E 18, die Stärkste ihrer Zeit

Auch sie war einmal modern

86

Bereits 1935 nahm sie bei der Deutschen Reichsbahn ihren Dienst auf und schrieb als Baureihe E 18 Geschichte.

Die E 18 war als Einrahmenlokomotive aufgebaut und erwies sich als ausgesprochen leistungsfähig, zuverlässig und sehr langlebig.

Der Grand Prix war verdient

Auf der Pariser Weltausstellung erhielt sie den Grand Prix als die stärkste Einrahmenlokomotive. 53 dieser Maschinen wurden bis 1945 in den Dienst der Deutschen Reichsbahn übernommen, zwei Stück ließ die Bundesbahn nachbauen. Die Betriebsnummer E 18 047 hat die Zeit überstanden und steht im Dienst des DB Museums in Nürnberg. Für diese Zeit war ihre Leistung ausgesprochen bemerkenswert. Ihre maximale Höchstgeschwindigkeit liegt bei 150 km/h, ihre Dauerleistung immerhin noch bei 2.840 kW, die Stundenleistung bei 3.040 kW. Die E 18 ist mit vier Fahrmotoren ausgestattet und hat 29 Dauerfahrstufen. Beachtlich sind auch die 1.600 Millimeter großen Treibräder.

Flair der Bundesbahn: Ellok E 18 047 vor Sonderzug – Deutsche Bahn AG/Claus Weber

Dauerläufer E 44

87

Vorreiter für den E-Lokomotivbau

Die Baureihe E 44 wurde als Universallokomotive mit Drehgestellantrieb konzipiert. Bei ihr entfielen der Stangenantrieb und die Vorlaufachsen. 1931 wurden die ersten E 44 bei der Deutschen Reichsbahn eingesetzt. Bei einer Dauerleistung von 1.830 kW erreichten sie immerhin eine Geschwindigkeit von 90 km/h.

Den Firmen SSW, MSW und BEW gelang es, auf eigene Verantwortung eine Drehgestell-Lokomotive zu entwerfen, die bereits im Jahr 1930 der Reichsbahn vorgestellt werden konnte. Die vier Antriebsachsen wurden jeweils von einem Fahrmotor angetrieben. Nach geringfügigen Anpassungen konnte die E 44 mit 1.880 kW und einer Höchstgeschwindigkeit von 86 km/h ausgewiesen werden. Ihre Indienststellung als Serienlokomotive erfolgte im Jahr 1932. Bis 1945 wurden 174 Maschinen produziert und ausgeliefert. Die Baureihe E 44 zählte zu den besten Konstruktionen ihrer Art. Die DB verfügte bis zuletzt über 125 Lokomotiven dieser Baureihe. 1984 erfolgte die Ausmusterung der letzten Exemplare.

Eine absolute Schönheit aus dem DB Museum Koblenz – Marc Steiner

Die neuen Einheitslokomotiven

Eine würdige Nachfolgerin der E 44 und E 94

88

Im Rahmen der Entwicklung der Baureihe E 10 entstand auch die Einheitslokomotive E 40, die über 40 Jahre den meisten Güterverkehr auf den Hauptbahnen der Deutschen Bundesbahn bewältigte. Im Jahr 1957 erfolgte die Indienststellung der ersten Lokomotiven.

Damit trat die E 40, die mit standardisierten Bauteilen ausgestattet wurde, die Nachfolge der Baureihen E 44 und E 94 an und löste im Güterverkehr etliche Dampflokomotiven ab. Ihre vier Fahrmotoren erreichten eine Dauerleistung von 3.620 kW. Die Entwicklung erfolgte gemeinschaftlich durch die Firmen Krauss-Maffei und SSW, aber auch die AEG, BBC, Krupp und Henschel waren mit von der Partie.

Nur ein Farbenspiel?

Als vierachsige Mehrzwecklokomotive ist sie in vielen Bauteilen mit der Baureihe E 10 baugleich. Der wesentliche Unterschied besteht darin, dass die E 40 mit einem anderen Getriebe ausgerüstet ist und keine elektrische Bremse besitzt. Die Lackierung war im Gegensatz zu den blauen E 10 in Chromoxidgrün gehalten. Aber auch bei dieser Baureihe schlug das Farbenspiel der DB zu. Angefangen bei Ozeanblau/Beige über Orientrot mit „Lätzchen" bis hin zum Verkehrsrot konnte man sie auf bundesdeutschen Schienen beobachten. Wie die Baureihe E 10 besitzt die E 40 einen geschweißten Kasten. Anfänglich war sie mit großen, später mit etwas kleineren, doppelt übereinander angeordneten Leuchten bestückt. Die seitlichen Lüftergitter sind durch ein Fenster in der Mitte des Lokkastens unterbrochen.

Baugleich mit der Baureihe E 10 und doch nicht

Beim genaueren Betrachten der E 40 finden sich weitere Unterschiede zur Baureihe E 10. Bei den ingesamt 879 in den Dienst der Deutschen Bundesbahn übernommenen Maschinen betrug die zugelassene Höchstgeschwindigkeit zunächst 100 km/h. Sie wurde ab 1969 auf 110 km/h erhöht, damit sie auch ihren Einsatz im Regionalverkehr leisten konnte. Eigens für den Personenverkehr erhielt die letzte Serie eine Funktion für den Wendezugbetrieb . Daher wurden einige dieser 140er noch bis

E 40 128 auf Museumsfahrt – Jens Baumhauer

Ende der 1970er-Jahre planmäßig im S-Bahn-Vorlaufbetrieb eingesetzt. Ihr eigentliches Einsatzgebiet aber war und blieb der Güterverkehr. Die Lokomotiven der Baureihe E 40/140 verfügten über genügend Leistung, um auch Züge mit einem Gewicht von 2.000 Tonnen im flachen Gelände mit einer Geschwindigkeit von 90 km/h ziehen zu können.

Das Ende der E 40 und doch ...

Um auch schwerere Züge übernehmen zu können, wurden etliche Exemplare mit Vielfachsteuerung für Doppeltraktion nachgerüstet. Laufleistungen von zehn Millionen Kilometern sind bei diesen Lokomotiven keine Seltenheit. Ab dem Jahr 1993 wurde begonnen, den Bestand dieser Baureihe zu reduzieren. Ab 2004 waren die planmäßigen Ausmusterungen in vollem Gange. Als das Güterverkehrsaufkommen nochmals etwas anstieg, wurden einige Lokomotiven der Baureihe 140 reaktiviert und wieder eingesetzt. Die DB AG musterte die Baureihe 140 kontinuierlich aus. 2014 befanden sich noch 49 Exemplare in ihrem Bestand. Am 4. Oktober 2016 endete der Einsatz der Baureihe 140 mit der Nummer 140 850-9 bei der DB AG. Zwei Lokomotiven stehen noch bei DB Fahrwegdienste im Raum Stuttgart vor Abraumzügen im Dienst. Bei privaten Betreibern hingegen sind auch weiterhin Lokomotiven der Baureihe E 40 im Einsatz.

E 69, eine der Ältesten

Klein, aber fein

89

Auf der Strecke Murnau–Oberammergau war sie viele Jahrzehnte zu Hause. Die erste der fünf Lokomotiven nahm mit der Bezeichnung LAG 1 ihren Betrieb im Jahr 1905 auf.

Die insgesamt fünf elektrischen Lokomotiven befanden sich anfangs im Besitz der Localbahn AG in München (LAG), sie trugen die Bezeichnung LAG 1 bis 5. Mit dem 1. August 1938 wurde die LAG verstaatlicht und ging an die Deutsche Reichsbahn über. Damit erhielten die Lokomotiven die Baureihen-Nummern E 69 01 bis E 69 05. Ab 1968 wurden sie dann als 169 01 bis 169 05 bezeichnet.

Lokomotiven der Bahn mit weiblichen Vornamen

Durch die Beschaffung über einen Zeitraum von rund 25 Jahren, aber auch durch diverse Umbauten unterscheiden sie sich in vielen Details. Sie alle haben darüber hinaus auch noch weibliche Vornamen.

LAG 1	E 69 01	169 01	Katharina	grün
LAG 2/3	E 69 02/03	169 02/03	Pauline/Hermine	grün/rot
LAG 4	E 69 04	169 04	Johanna	grün
LAG 5	E 69 05	169 05	Adolphine	rotbraun

Gebaut wurden die Lokomotiven bei Katharinenhütte in Rohrbach und Krauss bzw. Krauss-Maffei in München. Die elektrische Ausrüstung stammt von den Siemens-Schuckert-Werken. Angetrieben werden die Elektrolokomotiven von zwei Motoren, die in den nach unten abgeschrägten Vorbauten neben dem vollständig geschlossenen Führerhaus angebracht sind. Wie anfänglich üblich, wurde der Stromabnehmer durch Federkraft aufgerichtet und musste mit einer Leine von Hand eingeholt werden. Bei Umbauten und Überholungen wurden die Lokomotiven später mit üblichen Einheitsstromabnehmern ausgestattet. Die LAG 1 wurde zunächst ihrer Einsatzbestimmung für den Güterverkehr zugeführt. Mit 11,8 Tonnen und einer Dauerleistung von 160 kW erreichte sie eine Vmax von 50 km/h. Bis zu ihrer Ausmusterung im Jahr 1954 hat diese Lok etwa 1,5 Millionen Kilometer abgespult und wurde dann wieder in ihren Ursprungszustand zurückversetzt. Heute steht die E 69 01 in der Lokwelt Freilassing.

E 69, noch heute im Einsatz bei der DB

Im Jahr 1909 folgte die LAG 2 und 1912 die LAG 3, die sich nur sehr gering voneinander unterscheiden. Gegenüber der LAG 1 waren sie allerdings mit stärkeren Motoren, die bereits über 300 kW leisteten, ausgestattet. Ihre Ausmusterung erfolgte im Jahr 1982. Beide Lokomotiven sind noch immer betriebsfähig und befinden sich im Besitz des Fuhrparks des DB Museums. Im Rahmen ihrer aktuellen optischen Aufarbeitung wurden sie wieder mit der alten Betriebsnummer E 69 versehen. Die vierte im Bunde, die LAG 4, kam im Jahr 1922 hinzu. Sie sah in ihrer Form anfangs etwas anders aus. Dies ist auf ihren Ursprung als Versuchslok zurückzuführen. Erst 1934 erhielt sie die heutige Gehäuseform und wurde 1977 ausgemustert. Mit einer Dauerleistung von 237 kW war sie für die für die Strecke Murnau – Oberammergau als Güterzuglokomotive angeschafft worden. Heute steht Lok „Johanna" vor dem Bahnhof Murnau als Denkmal. Die Letzte im Bunde, die E 69 05, meldete sich 1930 zum Dienst. Mit ihrer Dauerleistung von 565 kW leistete sie ihren Dienst im schweren Güterzugverkehr. Die Lok wirkt deutlich massiver. Auch nach ihrer Ausmusterung 1981 ist „Adolphine" noch heute betriebsfähig auf den Schienen zu bewundern.

Die E 69 03 (LAG 3, „Hermine") in Koblenz – Jens Baumhauer

E 94, Kraftprotz und Legende

Das „Deutsche Krokodil"

90

Die vielerorts mit besten Erfahrungen im Einsatz befindliche E 44 war letztendlich der Grundstock für die Weiterentwicklung der Elektrolokomotiven in Deutschland. Über die noch leistungsschwächere E 93, deren erste Lokomotiven bereits 1933 in den Dienst übernommen wurden, wurde die E 94 der Deutschen Reichsbahn bei der AEG entwickelt und 1940 in Dienst gestellt. Anfangs wurden noch weiterentwickelte Motoren der Baureihe E 44 verbaut. „Krokodile" waren im Planeinsatz bis 1988 und damit die letzten Altbaulokomotiven der Deutschen Bundesbahn.

121 Tonnen auf sechs Achsen

Auch bei der E 94 war vor allem die geforderte Leistungssteigerung für die Weiterentwicklung maßgeblich. Eine elektrische Lokomotive für den planmäßigen Einsatz bei schweren Güterzügen auf Steigungsstrecken, im Besonderen für die Geislinger Steige, war gefragt. Firmen wie AEG, Krauss-Maffei, Henschel, Krupp, SSW, BBC und ein paar mehr waren als Lieferfirmen beteiligt. Bis Ende des Zweiten Weltkrieges wurden 146 Maschinen in den aktiven Dienst genommen, von denen einige in ihren technischen Daten etwas voneinander abwichen. Gegenüber der sehr ähnlich aussehenden E 93 haben sich vor allen die Leistungzahlen und die Bremssysteme geändert. Die Brücke und ihre Aufbauten sind miteinander verschweißt. Die beiden Vorbauten sind mit den Achs- und Motoreinheiten fest verbunden und am Hauptrahmen beweglich, um den Radien der Schienen folgen zu können. Die Stärke der Bleche des Hauptrahmens beträgt 24 Millimeter. Die sechs Treibachsen sind von je einem Fahrmotor angetrieben. Je drei Achsen sind zu einem Fahrgestell verbunden. Die E 94, deren Stammnummer bei der DB 194 und bei der DR 254 lautete, erreichte eine Dauerleistung von 3.000 kW und eine Höchstgeschwindigkeit von 90 km/h. Der Koloss mit der Achsordnung Co' Co' hat ein Dienstgewicht von sagenhaften 121 Tonnen. Im technischen Datenblatt der Deutschen Bundesbahn bzw. des ehemaligen Bundesbahn Zentralamtes in München wird die Maschine mit einer Höchstleistung von 5.500 kW ausgegeben. Aufgrund ihrer optisch weitläufigen Ähnlichkeit mit dem „Schweizer Krokodil", der Be 6/8 II und Be 6/8 III wird sie liebevoll „Deutsches Krokodil" genannt.

Letzter Planeinsatz bei der Deutschen Bundesbahn – Werner Brutzer

Mit Einschusslöchern über die Schiene

Eine der noch betriebsbereiten Baureihen E 94 ist ein wirklicher, fahrender Zeitzeuge, der original erhalten ist und Einschusslöcher aus dem Zweiten Weltkrieg aufweist. Diese Einschüsse wurden nach dem Krieg durch Auftragsschweißen oder durch Aufschweißen kleiner Stahlplatten geschlossen und einfach überstrichen.

Noch heute sind einige Lokomotiven der Baureihe als betriebsbereite Museumsloks aus Beständen der DB, der DR und der ÖBB im Einsatz. Die Altbaulok der Baureihe E 94 beeindruckt schon damit, dass sie bei einer Steigung von über 25 Promille Güterzüge mit 600 Tonnen noch immer mit einer Geschwindigkeit von 50 km/h ziehen konnte. Ihr Einsatz beschränkte sich im Wesentlichen auf den süddeutschen Raum, wo sie im Besonderen auf der Geislinger Steige den damals noch so wichtigen Schiebedienst verrichtete. An zwei dieser Lokomotiven wurde ein spezieller Kupplungsbügel getestet, der mechanisch vom Führerstand aus bedient werden konnte. Meist waren die Schiebeloks jedoch nicht gekuppelt.

Hybrid-Lok zum Rangieren

Öko bei der Bahn

91

Die Deutsche Bahn AG will mit der Energie sparsamer umgehen und setzt für den schweren Rangierbetrieb Rangierlokomotiven mit Hybridantrieb ein.

Diese H3-Lokomotiven leisten 700 kW und erreichen eine zugelassene Hochstgeschwindigkeit von bis zu 100 km/h und mehr.

Kleines Dieselaggregat, kraftvoller Antrieb

Völlig abgasfrei bewegen sich die dreiachsigen Hybrid-Loks im Normalbetrieb. In diesem Modus erhalten sie ihre Energie aus den Batterien. Um die Batterien wieder zu laden, schaltet sich ein Dieselgenerator automatisch hinzu. Dabei lädt er nicht nur die Batterien wieder auf, er liefert auch bei Bedarf seine Leistung an den Antrieb. Der nachgewiesene Schadstoffausstoß konnte dadurch bis zu 70 Prozent gesenkt werden. Um einen abgasfreien Nullemissionsbetrieb zu erreichen, fahren die Hybrid-Lokomotiven im reinen Batteriemodus. Sie sind damit nahezu geräuschlos. Nur die Abrollgeräusche auf den Schienen sind wahrnehmbar.

Im Praxistest bei DB Regio Franken – Deutsche Bahn AG/Claus Weber

92

Es gibt sie noch immer!

Draisinen, die »langsame« Eisenbahn

Draisinen hatten bei der Bahn einen wichtigen Stellenwert. Mit diesen drei-, meist aber vierrädrigen Bahndienstfahrzeugen wurden Maschinenteile, Werkzeuge oder Bahnmitarbeiter transportiert. Anfangs vorrangig als Tret- oder Handhebel-Draisinen, wurden sie später als Motordraisinen in kleinen Serien gebaut und nur für bahndienstliche Zwecke verwendet. Der Name Draisine findet sich erstmals zu Beginn des 19. Jahrhunderts. Ein Zweirad wurde von Karl Drais konstruiert. Der Name Drais'sche Laufmaschine, welche sozusagen das erste Fahrrad darstellt, hat sich über die Zeit zur Draisine entwickelt.

Die Draisine als Fahrzeug für Bastler

Jahre später hatte sich das Schienenfahrzeug ausgebreitet und wurde von den Badischen Staatseisenbahnen in Karlsruhe in unterschiedlichen Konstruktionen erprobt. Die zu dieser Zeit ausschließlich mechanisch betriebenen Draisinen wurden schon bald in allen möglichen Varianten gebaut. Auch begann man, alte PKWs für diese Zwecke umzubauen. Vom Moped bis zum VW-Käfer war alles möglich. Sogar Anhänger gab es dazu. Besonders im Krieg wurden diese Fahrzeuge aus Mangel an Geld und Material gebaut. Selbst Fahrradfirmen stellten in kleinsten Serien Fahrrad-Draisinen her. Um auch größere Streckenabschnitte bedienen zu können, waren die Draisinen motorisiert. Mit ihnen konnte ein Streckenwärter sein Gebiet abfahren und entsprechende Werkzeuge mitführen, ohne sie tragen zu müssen. Mit der Elektrifizierung der Strecken wurden Draisinen zu einem wichtigen Dienstfahrzeug. Speziell ausgebildete Mitarbeiter der Bahn konnten zu schadhaften Stellen an der Oberleitung gebracht und Außenposten abgelöst oder versorgt werden.

Spaßfaktor Draisine

Draisinenfahrten lösten in den vergangenen Jahren auf stillgelegten Gleisabschnitten einen regelrechten Boom aus. Vielerorts werden von Fremdenverkehrseinrichtungen Fahrten mit Fahrraddraisinen angeboten. Die Gesamtlänge in Deutschland, die mit Draisinen befahren werden kann, wird mit etwa 550 Kilometer Länge beziffert – Tendenz steigend. An manchen Tagen sind ganze Scharen auf den Schienen unterwegs und wetteifern untereinander, wer schneller sein könne.

Vorreiter der Dieseltriebwagen

In Leichtbauweise auf deutschen Schienen

93

Sie waren überall zu sehen und wurden viel benutzt: Die Schienenbusse in Deutschland. Die Waggonfabrik in Uerdingen erhielt bereits im Jahr 1949 einen Auftrag zur Entwicklung und dem Bau eines Triebwagens in Leichtbauweise für den Personenverkehr.

Leicht, rentabel, sparsam und vor allem dieselbetrieben mussten sie sein. Sie sollten damit die Dampflokomotiven auf den weniger rentablen Nebenstrecken ablösen. 1952 begann die Serienfertigung der

Oft konnte auch er eine Nebenstrecke nicht retten. – Andreas Hackenjos

Schienenbusse mit ihren Falttüren. Die zweiachsigen Schienenbusse waren lange Jahre in unterschiedlichen Varianten auf dem deutschen Schienennetz zu sehen. Die Baureihe VT 95.9 ist mit einem Sechszylinder-Dieselmotor mit 96 kW ausgestattet und wiegt 13 Tonnen. Mit seiner mechanischen Kraftübertragung erreicht er eine Geschwindigkeit von 90 km/h. Eine Modellreihe der Triebwagen wurde mit zwei Oberlichtern an den beiden Stirnseiten ausgestattet. Da der Zugführer durch diese Fenster in bestimmten Fällen jedoch von der Sonne geblendet werden konnte, wurde diese Fertigungsreihe wieder eingestellt. Die vorhandenen Oberlichte der Triebwagen wurden aus diesem Grund in Wagenfarbe überstrichen.

Neuauflage mit zwei Motoren

Die Serienfertigung mit einer im Grundsatz sehr einfachen Ausstattung als Baureihe VT 98.9 der DB erreicht ebenfalls eine Maximalgeschwindigkeit von 90 km/h. Sie ist aber bereits zweimotorig ausgerüstet und hat zweimal 110 kW zu bieten. Die Kraftübertragung aus den beiden wassergekühlten Sechszylinder-Büssing-Unterflurmotoren erfolgt hydraulisch. Zur Verbesserung der Laufeigenschaften wurden neu entwickelte Laufgestelle eingesetzt. Die Indienststellung erfolgte in der Jahren 1955 bis 1962. Nahezu 1.500 Fahrzeuge einschließlich der Lizenzbauten wie beispielsweise bei der MAN wurden bis ins Jahr 1971 eingesetzt. Einige Schienenomnibusse wurden für das Befahren von Steilstrecken mit einem Zahnradantrieb ausgestattet. Spätere Serien erhielten lastabhängige Luftfedern. In der Zugzusammenstellung waren meist zwei-, in manchen Fällen auch drei- bis hin zu fünfteiligen Garnituren im Einsatz. Die motorlosen Beiwagen, die auch teilweise mit einem Packabteil eingerichtet waren, sind in der Gesamtlänge kürzer als die Motorvariante.

Die „Roten Flitzer" sind noch heute im Einsatz

Noch heute sind diese „Roten Flitzer", in manchen Regionen auch „Rote Brummer" genannt, auf den Schienen anzutreffen. Die einen als Museumsfahrzeuge wie zum Beispiel aus dem Bayerischen Eisenbahnmuseum e.V. auf der „romantischen Schiene". Die anderen sind noch immer im Dienste der Deutschen Bahn AG als Bahndienstfahrzeuge mit Messinstrumenten ausgerüstet unterwegs. Ihr Einsatz bezieht sich auf Indusimess-, Signaldienst-, Gleismess- oder Schienenprüfaufgaben; gelb lackiert, sieht man sie noch immer in Aktion. Im offiziellen Liniendienst der Deutschen Bahn AG endete ihr Einsatz im Jahr 1999.

Rekord in puncto Glas

Weltweit einzigartig!

94

Die Wurzeln des elektrischen Aussichtstriebwagens der Deutschen Bundesbahn reichen bereits in den Beginn der 1930er-Jahre zurück. Der Ausflugsverkehr in landschaftlich schöne Gebiete war zu dieser Zeit beliebt.

Die Deutsche Reichsbahn erteilte den Auftrag, fünf Aussichtstriebwagen bauen zu lassen. Durch die bauliche Gestaltung des Fahrzeugs sollte auf allen Sitzplätzen eine gleichmäßig gute Aussicht möglich sein. Drei dieser Fahrzeuge waren mit einem dieselhydraulischen Antrieb ausgestattet, zwei mit elektrischem Antrieb. Um 1960 wurden die dieselhydraulisch betriebenen Fahrzeuge aufgrund ihres hohen Instandhaltungsaufkommens ausgemustert. Die 1935 fertiggestellten, elektrischen Aussichtstriebwagen mit den Betriebsnummern eIT 1998 und eIT 1999 wurden von der Waggonfabrik A.-G. H. Fuchs hergestellt, die elektrische Ausrüstung lieferte die Allgemeine Elektricitäts-Gesellschaft in Berlin.

Eingemauert zum Schutz vor Krieg und Plünderung

1936 nahmen beide Triebwagen ihren Regelbetrieb ab dem Münchner Hauptbahnhof auf. Mit den schon seinerzeit als „Gläserner Zug" bezeichneten Triebwagen wurden Ausflugsfahrten veranstaltet. Auch für private Veranstaltungen konnten die Aussichtswagen gemietet werden. Sie wurden mit 64 Sitzplätzen und acht Klappsitzen ausgestattet. Die Fahrten gingen in erster Linie nach Mittenwald, aber auch auf österreichische Streckenabschnitte wie nach Innsbruck, Kufstein oder Salzburg. Die Begrenzung der Routen hing vor allem von der Elektrifizierung der Strecken ab. Durch einen Bombenangriff im Jahr 1943 brannte das Fahrzeug eIT 1999, zwischenzeitlich in ET 91 02 umbenannt, vollkommen aus. Das andere Fahrzeug mit der Betriebsnummer ET 91 01 wurde in Bichl zum Schutz vor Krieg und Plünderung eingemauert und überstand so die Zeit unbeschadet. Im Jahr 1968 erhielt es die neue Betriebsnummer 491 001-4. Anfang der 1950er-Jahre wurde ein einachsiger Gepäckanhänger für den Aussichtstriebwagen konstruiert.

Streckenrekord mit 3,7 Millionen Kilometern

Durch den weiter voranschreitenden Ausbau der Elektrifizierung war es möglich, die Fahrten mit dem „Gläsernen Zug" auszudehnen. Seine Laufleistung addierte sich in der Zeit zwischen 1935 und 1995 auf

Der Traum aus Glas in Hochfilzen, 13. Februar 1993 – hkl, www.glaesernerzug.de

3.700.000 Kilometer. Der voll besetzte Triebwagen hatte ein Gewicht von 45 Tonnen und erreichte eine Höchstgeschwindigkeit von 110 km/h. Gemäß den Werksangaben erbrachten die beiden Fahrmotoren eine Leistung von je 195 kW bei 84 km/h.

Ist die Fahrt des gläsernen Zuges für immer zu Ende?

Am 12. Dezember 1995 stieß der Gläserne Zug im Bahnhof Garmisch-Partenkirchen mit einem entgegenkommenden Regionalexpress frontal zusammen. Der Zugführer des RE 3612 hatte das auf ‚Halt‘ stehende Ausfahrsignal missachtet. Der Unfall kostete einen Menschen das Leben, 41 wurden teils schwer verletzt. Die Beschädigungen am Gläsernen Zug sind erheblich. Der Wagen befindet sich seit 2005 im Bahnpark Augsburg und wird dort durch eine BSW-Gruppe restauriert. Die Wiederherstellung der Betriebsbereitschaft ist aus Kostengründen jedoch leider nicht mehr möglich.

Einst technische Zukunft

Die Schwebebahn, eine Geschichte mit Ende?

95

In vielen Städten Deutschlands wurden zusätzliche Verkehrsmittel benötigt. Unter anderem sollte 1887 in den Städten Elberfeld und Barmen geprüft werden, ob sich eine Hochbahn über der Wupper dafür eignen würde. Im gleichen Jahr wurde der Vertrag zum Bau und Betrieb der Schwebebahn unterzeichnet und der Elektrizitäts-Aktiengesellschaft übertragen. Ein eigens gegründetes Tochterunternehmen, die „Continentale Gesellschaft für elektrische Unternehmungen", führte den Bau durch. Am 1. März 1901 wurde die Strecke Kluse–Zoo feierlich dem öffentlichen Verkehr übergeben. Im Juni 1903 konnte die restliche Strecke Kluse–Rittershausen (Oberbarmen) freigegeben werden. Für das Bauwerk wurden insgesamt über 19.000 Tonnen Stahl verbaut, die Baukosten betrugen etwa 16 Millionen Goldmark. Das Fahrgastaufkommen bis zum Jahr 1925 lag bei knapp 20 Millionen Fahrgästen. Die aktuelle Betriebsstreckenlänge beträgt 13,3 Kilometer. Die 25 Schwebebahn-Gelenkzüge und der „Kaiserwagen" durchfahren dabei 20 Stationen und aktuell 464 Stützrahmen.

Die Schwebebahn wurde zum Wahrzeichen der Stadt Wuppertal. – Jonas Frey

Kuriose Reiseempfehlungen

Waffen für den Herrn, Opium für die Dame

Kurios: Die Reiseempfehlung der Bahn im ausgehenden 19. Jahrhundert, festgehalten in einer Merktafel für die Reise.

Damen wurden beispielsweise Beinkleider, Benzin, ein Opernglas oder Opium, welches seinerzeit gerne als schmerzstillendes und antidiarrhoisches Arzneimittel eingesetzt wurde, empfohlen, den Herren eine Banknotentasche, ein Kompass, Insektenpulver, eine kleine Laterne oder gar ein Revolver! Letzteres war damals noch einfach möglich, da es keine Gesetze in Deutschland gab, die den Besitz von Schusswaffen verboten hätten …

In den damals sehr begehrten Reisehandbüchern befanden sich solche und andere Reiseempfehlungen. Die Abbildung zeigt als Beispiel einen Reiseführer aus dem Jahr 1899 für die Stadt Karlsruhe. Nahezu alle Städte Deutschlands, aber auch zahlreiche ausländische Reiseziele wurden auf diese Weise beschrieben und entsprechende Empfehlungen beigefügt.

Leo Woerl war zunächst als Buchhändler tätig. 1878 erschien der erste Woerl'sche Führer, dem bald unzählige folgen sollten. Die zunächst nur deutsche Städte behandelnden Werke nahmen bald auch Reiseziele in ganz Europa, Amerika, Asien und Australien ins Visier. – Stefan Friesenegger/Exponat Deutsche Bahn Museum Nürnberg/Bibliothek

Der „andere" Schneepflug

Auch Schienen müssen geräumt werden

97

Der Erfinder Rudolf Klima konstruierte einen Schneepflug, bei dem die Pflugscharen durch Druckluft sowohl in der Höhe, der Breite als auch in der Richtung beweglich waren und eingestellt werden konnten. Die Einstellung der Schieberichtung ist besonders dann wichtig, wenn zweigleisige Strecken zu räumen sind. Meist wurden für diese Geräte ausgemusterte Lokomotivtender oder Fahrgestelle verwendet und umgebaut. Sie müssen vor einen Zug oder zumindest eine Lokomotive gespannt werden. Der im Jahr 1960 von den Henschel-Werken in Kassel umgebaute Tender konnte mit einer maximalen Räumgeschwindigkeit von 50 km/h bewegt werden und war noch 1984 im Frankenwald im Einsatz.

Haben Sie das gewusst?

Von Schienen keine Spur: Im Gebiet von Furka und Oberalppass beträgt die normale Schneehöhe etwa zwölf bis 14, bei Lawinenschnee bis zu 23 Meter!

Nützliches Ungetüm – Stefan Friesenegger/Exponat Deutsches Dampflokomotiv-Museum, Neuenmarkt/Oberfranken

184

Die „vornehme Blässe"

Der temporäre Fotoanstrich der Lokomotiven

Ausschließlich zum Zwecke der Werbefotografien wurden im Besonderen Dampflokomotiven mit einem sogenannten Fotoanstrich versehen. Eine Lackierung, meist mit hellgrauer, auch manchmal olivgrau wirkender, matter Kalkfarbe, bei der Ecken, Anbauten und Kanten nicht gestrichen wurden. Die Konturen gingen ansonsten in den Bildern einfach unter. Dies war speziell noch zu Zeiten anfänglicher Schwarz-Weiß-Fotoapparate oder der Verwendung von Fotoplatten der Fall. Die Fotografieranstriche wurden nach Abschluss der Fotoarbeiten wieder abgewaschen, bevor die Lokomotiven ihren Dienst aufnahmen.

Wussten Sie schon?
Bereits 1843 wurde im Rahmen einer Sitzung des Vereins zur Eisenbahnkunde protokollarisch festgehalten, dass schwefelsaurer Kalk als Konservierungsmittel das Holz, aber auch die Eisenteile der Eisenbahnfahrzeuge vor frühzeitigem Verrotten schützen soll.

86 283 in „Fotolackierung" – Stefan Friesenegger/Exponat Deutsches Dampflokomotiv-Museum, Neuenmarkt/Oberfranken

Darf's a bisserl mehr sein?

Die größte Modelleisenbahn der Welt

99

Im Juli 2000 überrumpelte Frederik Braun seinen Zwillingsbruder Gerrit mit der Entscheidung: „Wir bauen die größte Modelleisenbahn der Welt!" Gerrit, anfangs noch ausgesprochen skeptisch, stand aber bald hinter der Idee seines Bruders. Schon im August 2001 fand die Eröffnung statt. Mit dem schlichten Namen „Miniatur Wunderland Hamburg" ist in der alten Hamburger Speicherstadt die derzeit größte Modelleisenbahn-Anlage der Welt untergebracht. Das Ganze wirkt ausgesprochen gut geplant: Die Gebäude der Speicherstadt wurden mit Juli 2015 zum Weltkulturerbe der UNESCO ernannt!

Eine Modellbahn für 37,2 Millionen Euro

Bereits im Herbst 2016 hatte das Unternehmen eine Fläche von 10.000 Quadratmetern angemietet, auf der eine unglaubliche Modellanlage von 1.545 Quadratmetern bestaunt werden kann. Die Anlage ist in neun Bauabschnitte eingeteilt. Auf einer Gleislänge von 16.138 Metern rollen etwa 1.120 Züge, der längste darunter misst enorme 14,5 Meter. Dazu kommen 1.392 Signale, 3.517 Weichen und 497.000 LEDs. Für die Sicherheit im Eisenbahnverkehr sorgen derzeit 53 Computer. Die Baukosten betragen inzwischen unglaubliche 37,2 Millionen Euro.

Hätten Sie das gedacht?

In Deutschland gab es in der Vergangenheit mehrere Bauvorhaben, die längst hätten fertiggestellt sein sollten, es aber noch immer nicht sind. Auch der Bau der Elbphilharmonie zog sich in die Länge. Nicht so im Miniatur Wunderland Hamburg. Die Elbphilharmonie und die HafenCity sind auf einer Modellfläche von etwa neun Quadratmetern untergebracht. Sie wurden von 22 Mitarbeiterinnen und Mitarbeitern in rund 13.000 Arbeitsstunden mit einem Gesamtkostenanteil von 350.000 Euro gebaut. Auch wenn die veranschlagten Kosten nicht eingehalten werden konnten, die geplante Bauzeit von 364 Tagen lag im Rahmen. Kurios dabei ist, dass die Mitarbeiter allein zehn Wochen brauchten, um die Acrylscheiben von den Schutzfolien zu befreien. Dabei soll Alkohol in Mengen geflossen sein – nicht nur, um die Scheiben zu putzen.

Die zu Recht stolzen Gründer – Miniatur Wunderland Hamburg

Brückenschlag in die Zukunft

Unglaublich: Im August 2021 wurde das Miniatur Wunderland bereits zwanzig Jahre alt. Unzählige Bauabschnitte entstanden, weit über 20.000.000 Besucher durfte das Wunderland begrüßen. Es hieß aber auch, einige Hürden zu überwinden. Zur Größten wurde schließlich die räumliche Begrenzung. Um für weitere Bauvorhaben Platz zu schaffen, wurde ein neuer Mietvertrag in der Speicherstadt unterschrieben. Mit einem Brückenschlag in ein gegenüberliegendes Gebäude wurden nun zusätzliche Flächen von etwa 3.000 Quadratmetern an das Wunderland angebunden und damit ein großer Schritt in die Zukunft ermöglicht. Am 1. Dezember 2021 konnte somit Rio de Janeiro als erster, neuer Bauabschnitt dem Publikum vorgestellt werden. Damit ist auch weiterhin sichergestellt, dass die Riesenanlage wächst und zudem komplett neue Eindrücke verspricht. Neben den im Bau befindlichen Abschnitten Monaco, der Provence, Patagonien und der Antarktis sind weitere Projekte, wie etwa der Regenwald, die Karibik sowie Asien geplant. Offenbar gehen den Machern im Wunderland die Ideen nie aus.

Modelleisenbahnwinzling

Kleiner geht es nicht mehr?
Die Spur T beweist das Gegenteil

100

Lange Zeit galt die Spurweite Z als die kleinste. Nun ist sie von einem Hersteller aus Fernost mit der Spurweite „T" als Super-Mini-Modellbahn abgelöst worden. Mit einer Spurweite von drei Millimetern im Maßstab von 1:480 ist sie die kleinste der Welt. „T" steht dabei für englisch three, also für drei Millimeter. Der japanische Hersteller KK-Eishindo zeigte diese „weltweit kleinste, lauffähige, in Serie hergestellte, elektrisch betriebene Modellbahn" 2006 auf der Tokyo Toy Show. Zum besseren Halt auf den Schienen wurden Räder magnetisiert.

Langer Betrieb über AA-Batterien möglich

Angetrieben werden die Züge von einem Fahrmotor je Triebwagen. Die Wagen sind beleuchtet und reagieren auf einen Richtungswechsel. Erstaunlich und interessant zugleich ist, dass die Fahrzeuge mit einer Spannung von 4,5 Volt betrieben werden können und aufgrund der geringen Stromaufnahme Batterien der Größe AA genügen.

Der ICE der Spurweite „T": dünn, wie ein handelsüblicher Bleistift – Trainini

101

Oh Tannenbaum

Alle Jahre wieder zur Weihnachtszeit

So manche Kuriosität ereignet sich gerade in der Weihnachtszeit. Da wünscht sich ein kleiner Bengel eine Modelleisenbahn. Vom Vater wird das mit großer Begeisterung und viel Freude umgesetzt. Schon werden Gleise, Weichen, Häuser und Lokomotiven gekauft. Zu seinem großen Bedauern muss der Beschenkte aber am Heiligabend feststellen, dass seine Wünsche nicht realisiert worden sind. Schlimmer ist noch, dass der Vater bereits so sehr ins Spielen vertieft ist, dass er den Sohn gar nicht mehr wahrnimmt. Dass dann der Haussegen schief hängt, ist sicher nachvollziehbar.

Kampf um die Eisenbahn

Kommt Ihnen das irgendwie bekannt vor? Diese Art „Familiendrama" hat sich sicherlich schon zigfach so oder in ähnlicher Weise unter den Weihnachtsbäumen abgespielt. Der „Kampf um die Eisenbahn" hatte sich übrigens auch im Kollegenkreis des Vaters herumgesprochen. Als der Eisenbahnliebhaber wider Willen kurze Zeit später sein 25-jähriges Firmenjubiläum feierte, bekam er als passionierter Philatelist eine „Sondermarke" überreicht, mit der sich die Kollegen ganz besonders viel Mühe gegeben hatten …

Die „Sondermarke" zum Jubiläum –
Stefan Friesenegger

Des Menschen oh sehnlichster Kindertraum
war 'ne Eisenbahn unter dem Weihnachtsbaum.
Dem Sohn jetzt setzt er keine Schranken
beim Wünschen, denn Sigi hat Hintergedanken!
Beim Spiele hier man klar erkennt,
der Vater spielt, der Filius flennt.

Quellenangaben

AlpTransit Gotthard AG

Baur Karl Gerhard: Drehgestelle-Bogies. EK-Verlag, 2006

Bayerisches Eisenbahnmuseum e.V.

Bayerische Zugspitzbahn Bergbahn AG

Bergbahnen im Siebengebirge AG

Brauckmann Stefan: Eisenbahnkulturlandschaft. Erlebbarkeit und Potentiale. Als Mitteilungen der Geographischen Gesellschaft Hamburg, Steiner-Verlag, 2010

Bretschneider Arno/Traube Manfred: Die Baureihe V60. EK-Verlag, 1996

BSW-Gruppe ET 491-Gläserner Zug und Gläserner Zug e.V., www.glaesernerzug.de, Kontakt: Hans-Karl Löblein

BSW-Gruppe zur Erhaltung historischer Schienenfahrzeuge Koblenz im DB Museum Koblenz

Buchholz Ingelore u. Jürgen: Magdeburger Elbbrücken. Landeshauptstadt Magdeburg, Stadtplanungsamt, 2005

Burow Andreas: Die V100-Familie. GeraMond, 2004

Chiemsee-Schifffahrt Ludwig Feßler KG

Collins Jane: Die schnellsten Züge. Umschau Verlag, 1979

Dahlbeck Marc: Eisenbahntunnel, Baukunst unter Tage. Transpress Stuttgart, 2013

Das Bayerische Verkehrsmuseum in Nürnberg: Das Bayerland. Illustrierte Halbmonatschrift für Bayerns Land und Volk, 1925

DB Mobility Logistics AG

DB Schenker RailAutomotive

Deutsche Bahn AG, Beförderungsbedingungen, Nr. 600 des Tarifverzeichnisses Personenverkehr (Tfv 600)

Deutsche Bahn Museum Nürnberg, Lessingstraße

Deutsche Bahn Museum Nürnberg, Lessingstraße/Bibliothek

Deutsche Bahn Museum Koblenz, Schönbornsluster Straße

Deutsche Bundesbahn: Bremsen. Eisenbahn-Lehrbücherei der Deutschen Bundesbahn, Josef Keller Verlag, 1962

Deutsches Dampflokomotiv-Museum Neuenmarkt

Deutsches Museum von Meisterwerken der Naturwissenschaft und Technik, München

DFB Dampfbahn-Furka-Bergstrecke AG

Die Bundesbahn. Hestra Verlag, Jahrgang 1965–1981

Eisenbahn-Bundesamt, Bonn

Freundeskreis Trossinger Eisenbahn e.V., Kontakt: Stefan Ade

Harzer Schmalspurbahnen GmbH

Hertwig Roland: Die Einheits-Elloks E 10, E 40, E 41 und E 50 – Band 1. Technik und Verbleib, EK-Verlag, 1995

Hughes Murray: Die Hochgeschwindigkeitsstory. Alba, 1994

Ketzels-Mühle, Ausstellung an der Göltzschtalbrücke. Kontakt: Andreas Ketzel

Latten Richard: Vom Femarnsund zum Nordkap, Eisenbahn in Skandinavien. Verlag Schweers und Wall, 1995

Löffelholz Felix: Baureihe V 60 der Bundesbahn: Groß unter den Kleinen. In: Lok-Magazin, GeraMond Verlag, 2012

Lüdecke Steffen: Die Schiefe Ebene – die berühmte Steilrampe zwischen Neuenmarkt-Wirsberg und Marktschorgast. EK-Verlag, 1988

Maedel Karl-Ernst: Die Deutschen Dampflokomotiven, gestern und heute: VEB-VerlagTechnik Berlin, 1963

Matterhorn Gotthard Bahn (MGBahn)

Mecklenburgische Bäderbahn Molli GmbH & Co. KG

Melcher Peter: Die Baureihe 64. Eisenbahn-Kurier Verlag, 1987

Messerschmidt Wolfgang: Die schnellsten der Schiene. Motorbuch Verlag Stuttgart, 1990

Messerschmidt Wolfgang,:Schnelle Stars der Schiene. Transpress Verlag, 1997

Metzeltin G. H.: Die Spurweiten der Eisenbahnen – Ein Lexikon zum Kampf um die Spurweite. Deutsche Gesellschaft für Eisenbahnkunde e.V., 1974

Miniatur Wunderland, Hamburg

Mühlstraßer Bernd: Die Baureihe E 69. EK-Verlag, 2005

Nagel Gustav: Dampf, letzter Akt. 1962: Die Rekonstruktion der Baureihe 01 beginnt. In: Lok-Magazin, Gera-Mond Verlag, 2002

Obermayer Horst J.: Dampf-Loko-motiven. Weltbild Verlag, 1995

Obermayer Horst J.: Diesel-Loko-motiven.Weltbild Verlag, 1995

Obermayer Horst J.: Elektro-Loko-motiven. Weltbild Verlag, 1995

Obermayer Horst J.: Triebwagen. Weltbild Verlag, 1994

Oresundsbron, Dänemark

Pfeifer H. Rolf/Mölter, M. Tristan: Handbuch Eisenbahnbrücken. Eurailpress in DVV Media Group, 2008

Preuss Erich/Kirsche Hans-Joachim: Wunderwelt der Eisenbahn. GeraMond Verlag, 2002

Preuss Erich: Züge unter Strom. GeraMond Verlag, 1998

Reinhardt Lothar (Autorenkollektiv): Streckenlokomotiven. Transpress, VEB Verlag für Verkehrswesen, Berlin, 1981

Reuter Wilhelm: Rekord-Lokomotiven. Motorbuch Verlag, 1988

Rhätische Bahn (RhB)

SDG Sächsische Dampfeisenbahngesell-schaft mbH, Fichtelbergbahn

Statistik der im Betriebe befindlichen Eisenbahnen Deutschlands, Reichs-Eisenbahn-Amt, Berlin 1887

Statistik der im Betriebe befindlichen Eisenbahnen Deutschlands, Reichs-Eisenbahn-Amt, Berlin 1916

Statistik der Eisenbahnen im Deutschen Reiche, Reichs-Eisenbahn-Amt, im Auftrag des Reichsverkehrs-ministeriums, Berlin 1936

Stern & Hafferl, Verkehrsgesellschaft m.b.H.

Stiftung Eisenbahnmuseum Bochum

Stroner Dominik: Drehen und Wenden. In: Bahn Extra, GeraMond Verlag 2003

Südwestrundfunk SWR, Eisenbahn-Romantik

The End of the World Train, Argentina

Tourismusbüro Semmering, Österreich

Troche Horst: Der elektrische Aussichts-triebwagen der Deutschen Bundes-bahn. Deutsche Gesellschaft für Eisenbahngeschichte e. V., Karlsruhe,1980

Verein Furka Bergstrecke, www.dfb.ch

Wendelsteinbahn GmbH

Werning Malte: Schienenbusse – VT 95 – VT 98: Triebwagen-Vetera-nen der 50er-Jahre. GeraMond, 2001

Wikipedia

Woerl Leo: Woerl'sche Reisebücher. Kaiserl. und Königl. Hofverlags-handlung, 1899

Wünschmann Dieter: Reichsbahn-Alltag 1966 – 1970. EK-Verlag, 1998

WSA Eberswalde, Eisenbahnunter-führung unter der Havel-Oder-Wasserstraße

WSW mobil GmbH, Wuppertal

Zellweger Christian: Krokodil, Königin der Elektrolokomotiven. AS Verlag, 2012

Zeno.org

Impressum

Verantwortlich: Lothar Reiserer
Layout und Satz: Silke Schüler
Repro: Cromika / LUDWIG:media
Korrektorat: Helga Peterz
Einbandgestaltung: Ralph Hellberg
Herstellung: Anna Katavic
Printed in Slovenia by Florjancic

Sind Sie mit diesem Titel zufrieden? Dann würden wir uns über Ihre Weiterempfehlung freuen. Erzählen Sie es im Freundeskreis, berichten Sie Ihrem Buchhändler oder bewerten Sie bei Ihrem nächsten Onlinekauf. Und wenn Sie Kritik, Korrekturen oder Aktualisierungen haben, freuen wir uns über Ihre Nachricht an GeraMond Media, Postfach 40 02 09, D-80702 München oder per E-Mail an lektorat@verlagshaus.de.

Unser komplettes Programm finden Sie unter  www.geramond.de

Alle Angaben dieses Werkes wurden vom Autor sorgfältig recherchiert und auf den aktuellen Stand gebracht sowie vom Verlag geprüft. Für die Richtigkeit der Angaben kann jedoch keine Haftung übernommen werden.

Bildnachweis Umschlag:
Bildmontage unter Verwendung von Motiven von Uwe Miethe und der Deutsche Bahn AG

Die Deutsche Nationalbibliothek verzeichnet diese Publikation in der Deutschen National-bibliografie; detaillierte bibliografische Daten sind im Internet über http://dnb.d-nb.de abrufbar.

6. aktualisierte Auflage
© 2016, 2017, 2018, 2019, 2020, 2022 GeraMond Media GmbH,
Infanteriestraße 11a, 80797 München
ISBN 978-3-95613-028-1